이 책은 201

EBS 세계테마기행 '

주인공으

2013년 7~8월 50여 일간 타지키스탄 파미르 하이웨이의

중앙아시아를 여행하면서 정리한 다섯 번째 4色 일기다.

★ 이 책의 수익금 중 일부는 고려인 돕기 운동으로 러시아와 중앙아시아에서
세계적 문화유산인 소중한 우리 한글을 공부하는 학생에게 지원됩니다.

〈EBS 세계테마기행〉 '파미르를 걷다. 타지키스탄' 의 주인공

이한신의 다섯 번째 4色 일기

파미르 하이웨이

지옥의 길 천국의 길

이지출판

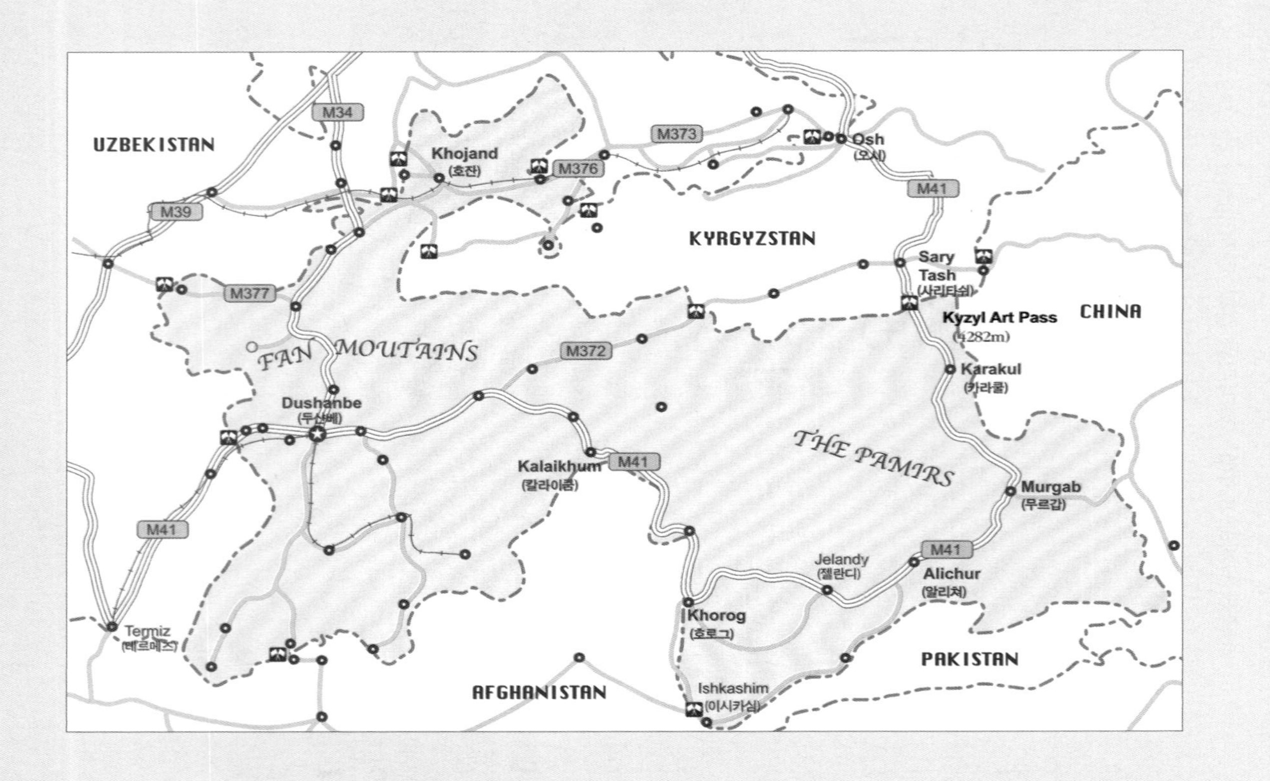
UZBEKISTAN
M34
Khojand
(호잔)
M373
Osh
(오시)
M376
M39
KYRGYZSTAN
M41
Sary
Tash
(사리타쉬)
M377
Kyzyl Art Pass
(4282m)
CHINA
FAN MOUTAINS
M372
Karakul
(카라쿨)
Dushanbe
(두샨베)
THE PAMIRS
Kalaikhum
(칼라이쿰)
M41
Murgab
(무르갑)
M41
M41
Jelandy
(젤란디)
Alichur
(알리쳐)
Khorog
(호로그)
Termiz
(테르메즈)
PAKISTAN
AFGHANISTAN
Ishkashim
(이시카심)

추천의글

'타지키스탄' 하면 고개를 갸웃거려도 '파미르 고원'이라고 하면 '아!' 하고 무릎을 치는 사람이 있다. 중고등학교 지리시간에 한 번은 들어봤을 '세계의 지붕'이라는 별명을 가지고 있어 더욱 가깝고 친근하게 다가온다.

세계의 지붕 파미르 고원은 평균 높이 6,100m로 톈산 산맥, 티베트 고원, 히말라야, 카라코람, 쿤룬 산맥 등 5,000m가 넘는 10여 개의 산맥으로 이루어져 있다. 대부분의 지역은 타지키스탄 고르노바다흐샨 주에 속하며, 동쪽으로는 중국 신장웨이우얼자치구까지, 남서쪽으로는 아프가니스탄까지 뻗어 있다. 가장 높은 봉우리는 7,495m의 이스마일 소모니 봉(옛 코무니스트 봉)으로 타지키스탄에 속해 있다.

파미르 고원은 역사적으로 동서양의 용기 있는 자들만이 넘나들던 실크로드의 관문이었다. 8세기 고구려의 고선지 장군은 당나라 군대를 이끌고 서역 원정을 다녀갔으며, 신라시대 혜초 스님은 파미르 고원을 왕래하며 『왕오천축국전』을 완성하였다. 또한 알렉산더 대왕, 장건, 마르코폴로, 현장 등 역사적인 영웅과 카라반들의 힘찬 숨결을 간직한 지역이다.

특히 해발 3,500~4,000m에 위치해 있는 파미르 하이웨이는 중국, 중앙아시아, 아프가니스탄, 파키스탄 등 거대한 이질적인 문명을 잇는 교차점으로서, 세계의 수많은 배낭 여행객들의 가슴을 설레게 하는 숨겨진 성지로 알려져 있다.

타지키스탄은 1991년 옛 소련으로부터 독립 이후 정치 체제에 대한 민족 간 갈등으로 1997년까지 5년여 동안 내전을 겪어 대외적 활동이 적기 때문에 다른 CIS 국가에 비해 생소하고, 아직까지도 우리에게는 낯선 '스탄'의 한 나라 정도로 여겨지고 있다. 하지만 내전의 아픔을 서서히 극복해 나가며 정치적 안정과 경제 발전을 위해 각고의 노력을 하고 있다.
2012년 한-타지키스탄 수교 20주년을 계기로 정치, 경제, 문화 등 다양한 분야에서 우리나라와도 긴밀한 관계를 유지하고 있다. 이러한 시기에 이한신 작가의 이 여행서는 양국 문화에 대한 이해를 더욱 심층적으로 발전시키는 가교 역할을 할 것이라 믿는다.

아직까지 국내에 파미르를 소개한 전문 여행서적, 특히 파미르 하이웨이를 다룬 책은 전무하다. CIS 전문 여행가 이한신 선생의 『파미르 하이웨이 지옥의 길 천국의 길』 출간을 통해 많은 여행객들이 세계의 지붕으로 힘찬 발걸음을 내딛길 희망한다.

2014년 6월

주 타지키스탄 대한민국 대사관 대사대리 연 정 구

프롤로그

2012년 4~5월 EBS 세계테마기행 '파미르를 걷다. 타지키스탄'의 주인공으로 출연할 때, 타지키스탄 파미르 하이웨이로 촬영을 떠난다고 하자 주위 사람들이 파미르 하이웨이가 어디에 있는지 궁금해했다. 타지키스탄에 있는 거대한 산맥이라고 말하자, 그럼 타지키스탄은 어디에 있는 나라냐며 다시 고개를 갸웃했다. 타지키스탄은 옛 소련에서 독립한 중앙아시아에 있는 나라라고 설명하자, 카자흐스탄이나 우즈베키스탄이라는 나라는 들어봤는데 타지키스탄은 생소하기만 하단다.

중앙아시아는 옛 소련에서 독립한 다섯 개 공화국 중 우리에게 낯익은 카자흐스탄, 우즈베키스탄, 키르기스스탄 그리고 가끔 들어봤지만 낯선 투르크메니스탄과 타지키스탄, 이렇게 다섯 나라를 말한다. 그런데 세계적인 학술지나 지리학자들은 아프가니스탄과 중국의 신장 지역을 포함해 여섯 나라와 한 개 지역을 중앙아시아라고도 한다.

그럼 타지키스탄은 어떻게 가고, 비자는 어디서 받으며, 인천공항에서 바로 가는 비행기가 있느냐고 묻는다. 아쉽게도 현재까지 대한민국에는 타지키스탄 대사관이 없기 때문에 비자를 대한민국에서 받을 수도 없고 바로 가는 비행기도 없다.

그래서 타지키스탄으로 가려면 이렇게 가야 한다.
인천공항에서 카자흐스탄 알마티로 입국한 다음 비행기를 타고 타지키스탄 두샨베 공항에 도착해서 비자를 받아 입국하는 방법이 있다. 또 우즈베키스탄 타슈켄트에 입국해 타지키스탄 대사관에서 비자를 받아 국경선이 열려 있는 몇 군데 육로로 들어갈 수 있다.

현재 우즈베키스탄 타슈켄트와 타지키스탄 두샨베와는 비행기가 오가지 않아 육로로만 입출국이 가능하다. 카자흐스탄과 우즈베키스탄에 입국할 경우에도 대한민국 사람은 비자가 필요해 서울에 있는 두 나라 대사관에서 미리 비자를 발급받아야 한다.
이렇게 해서 타지키스탄 두샨베에 입국한 다음 파미르 하이웨이로 출발할 수 있다.

파미르 하이웨이를 가는 또 다른 길은 카자흐스탄이나 우즈베키스탄에서 제3국인 키르기스스탄으로 육로나 비행기로 입국한 다음, 비슈케크의 타지키스탄 대사관에서 비자와 파미르 하이웨이 여행허가서를 발급받아 육로로 갈 수 있다.

중앙아시아 지도를 펴놓고 파미르 하이웨이 M41 도로를 살펴보면 M41의 시작과 끝 지점은 키르기스스탄의 칼라발타와 우즈베키스탄의 테르메즈로 표시되어 있다.

보통 파미르 하이웨이 하면 키르기스스탄 오시에서부터 타지키스탄의 동서를 가로질러 아프가니스탄과 국경선을 접하고 있는 우즈베키스탄 테르메즈까지를 파미르 하이웨이라고 한다.

중앙아시아가 독립하기 전인 옛 소련 지도를 보면 테르메즈는 위도상 옛 소련에서 가장 남쪽에 있는 대도시 중 하나로 M41 도로가 여기서 끝난다. 그런데 키르기스스탄 오시의 M41 도로는 여기서 끝나지 않고 비슈케크로 가는 중에 카라발타에서 끝나고, 더 나아가 카자흐스탄 알마티와 우즈베키스탄 타슈켄트와 연결되는 M39 도로와 만난다. 그리고 알마티에서 끝난 M39 도로는 M36 도로로 다시 시작해 약 2,000km 북쪽에 위치한 카자흐스탄의 수도 아스타나를 거쳐 러시아의 첼랴빈스크와 예카테린부르크를 북쪽으로 더 지나 세로브에서 끝난다.

러시아의 세로브에서 시작한 M36 도로가 카자흐스탄의 알마티까지 내려온 다음 M39 도로가 지나는 중간 지점에서 M41 도로와 연결되어 끝없는 파미르 하이웨이가 이어진다.
즉 파미르 하이웨이는 옛 소련 시절 시베리아 횡단열차가 완성되고 난 후 1930년대 중앙아시아로 남하하는 철도를 건설하면서 지어진 또 하나의 철도길과 도로로 이 모든 길을 찾아가면 러시아의 세로브와 우즈베키스탄의 테르메즈와 연결되는 약 5,000km의 엄청난 길을 만난다.

파미르 하이웨이의 시작과 끝을 어떻게 정의해야 할지 모르겠다.
일반적으로 키르기스스탄 오시에서부터 타지키스탄 호로그까지를 진정한 파미르 하이웨이라 하기도 하고, 오시에서부터 타지키스탄 두샨베를 지나 우즈베키스탄 테르메즈까지라고도 한다.

이번 파미르 하이웨이 여행길은 타지키스탄 비자와 파미르 여행 허가서를 받는 키르기스스탄 비슈케크에서부터 시작해 본격적인 여행은 오시에서부터 출발했다. 파미르 하이웨이를 지나 타지키스탄 수도 두샨베에서 제2의 수도가 기다리는 또 다른 험난한 길 판 마운틴을 넘어 호잔에서 마무리했다.

이 책은 2012년 4~5월 30여 일간 EBS 세계테마기행 '파미르를 걷다. 타지키스탄' 을 촬영할 때와 2013년 7~8월 50여 일 동안 타지키스탄 파미르 하이웨이를 다녀온 기록이다.
우즈베키스탄 타슈켄트로 입국해 카자흐스탄 아스타나와 알마티를 스케치하고 키르기스스탄 비슈케크로 향했다. 오시에서 두샨베까지 그리고 호잔까지의 여정을 담았으며 우즈베키스탄의 여러 도시들을 느릿느릿 돌아보았다.

파미르 고원은 5세기 중국 동진의 승려 법현의 여행기인 『고승법현전』, 7세기 현장 법사의 『대당서역기』, 8세기 혜초 스님의 『왕오천축국전』 등에서, 특히 고구려 유민 출신의 고선지 장군이 747~750년 파미르 고원을 넘어 서역의 서투르키스탄을 점령할 때 지났던 길이다. 역사적 · 정치적으로 우리와 밀접한 관계에 있는 이 길을 강을 따라 산을 넘어 파미르의 친구들과 자연을 만나면서 걸었다. 세계의 지붕 파미르 고원을 친근하게 느낄 수 있도록 그 추억을 담았다.

이 글을 정리하면서 중앙아시아 각 나라의 언어를 이해하는 데 많은 분의 도움을 받았다. 우즈베키스탄어는 현재 모 회사에서 CIS 및 동유럽 등 17개 국가에 관한 해외업무 관리를 맞고 있는 미르자아흐메도프 세르조드벡의 도움을 받았고, 카자흐스탄어는 한국과 카자흐스탄의 경제 관련 논문으로 석사학위를 받고 현재 박사과정을 준비하고 있는 아루잔 아야우잔이 도와주었다. 그리고 키르기스스탄어는 현재 한국학 중앙연구원에서 정치학 박사과정을 밟고 있는 체르테노바 울잔나가, 타지키스탄어는 현재 변호사로 활동하고 있는 하사노브 바흐두르의 도움이 있었다.

끝으로 4권의 여행기에 이어 다섯 번째 책을 출판하기까지 한결같이 관심을 쏟아 준 이지출판사와 추천사로 격려해 주신 타지키스탄 대한민국 대사관 연정구 대사대리님, 그리고 세계의 지붕 파미르 고원의 깊고 깊은 초원에서 만난 친구들에게 고마운 마음을 전한다.

2014년 6월

서울 아현동 순댓국집에서 이 한 신

차 례

01

아내의 배웅을 받으며
우즈베키스탄 타슈켄트 *Tashkent* 로

인천공항에서 17시 30분에 이륙하여 21시 타슈켄트 공항에 착륙
타슈켄트가 서울보다 4시간 느림
타슈켄트 공항에서 그랜드 라디우스 호텔까지 택시로 10분

2012년 4~5월 EBS 세계테마기행 '파미르를 걷다. 타지키스탄' 방송 출연에 이어 2013년 7~8월 다시 배낭을 메고 중앙아시아 파미르 하이웨이로 떠나는 날, 버스정류장까지 따라나온 아내가 이번 여행에서도 아름다운 세상 이야기를 배낭에 가득 담아 오라며 따뜻하게 배웅해 준다.

다시는 시베리아 횡단열차를 타고 카프카스 3국으로, 발트 3국으로, 지금처럼 중앙아시아로 옛 소련연방공화국으로는 여행을 떠나지 않겠다고 다짐했는데 어쩌다 보니 매년 그 지역을 찾게 된다. 대체 나와 무슨 인연이 있는 걸까?

17시 30분 인천공항을 출발해 우즈베키스탄 타슈켄트 공항에 도착하니 21시다. 미리 연락해 둔 반가운 친구들이 기다리고 있었다. 이곳에서 사업을 하는 사람도 있고, 이곳 여인과 결혼하여 살고 있는 사람, 그리고 한국과 우즈베키스탄을 오가며 15년 넘게 만나온 친구들, 그 중에 한국에서 오랫동안 사업을 하다가 5년 전에 고향으로 돌아온 형제처럼 가까운 아이델이 반갑게 손을 내밀었다.

친구 아이델은 지금 전 세계의 이목이 쏠려 있는 우크라이나 크림자치공화국으로 이민을 가 있는데, 3월 19일 러시아의 블라디미르 푸틴 대통령이 크림자치공화국을 러시아 연방의 일원으로 편입 합병하는 조약에 서명했다. 이제 크림자치공화국은 우크라이나 영토가 아닌 실질적인 러시아 영토가 되는 것인데, 우크라이나 사태는 먼 훗날 역사가 말해 줄 것이다.

아주 오래전에 우즈베키스탄을 여행할 때 묵었던 엘레나 호텔. 지금은 그랜드 라디우스 호텔로 이름이 바뀌었지만 예나 지금이나 자그마한 수영장이 딸린 아늑한 호텔이다.
배낭을 풀고 나니 새벽 1시다. 샤워를 하고 나른한 몸을 침대에 맡긴 채 타슈켄트의 첫날 밤을 보냈다.

OOO «RADDUS-JSS Ltd»
Hotel «GRAND RADDUS-JSS"

Registration №
Регистрационный№ 0621

Arrival date
Дата прибытия 10.07.13

Departure date
Дата отъезда 12.07.13

Passport
Паспорт

Signature
Подпись

타슈켄트에 맨 처음 여행 왔을 때나 지금이나 이곳의 밤은 변함없는데 변한 것은 내 모습이다. 따스한 차와 부드러운 빵이 나오는 간단한 아침식사도 깔끔하다.

이튿날 지하철과 트람바이를 타고 타슈켄트 시내를 돌아보는데 이 친구 저 친구한테서 전화가 걸려왔다. 이 더운 여름날 번거롭게 대중교통을 타고 다니냐며 한 마디씩 했지만, 늘 그랬듯이 이렇게 다니는 것이 마음 편하다.
타슈켄트 미라밧 거리에는 한국 여행사나 한국 식당뿐만 아니라 한국 식료품을 팔고 있는 가게들이 모여 있어 웬만한 우리 음식은 다 살 수 있다.

tangem
Maksan
ПИВО

Neus tour
Vi Viano

타슈켄트 지하철에는 경찰들이 24시간 두 눈을 부릅뜨고 감시하고 있다. 혹시 사진을 찍다 걸리면 메모리 카드의 사진을 지워야 하는 것은 운이 좋은 편이고 메모리 카드를 빼앗기는 경우도 있다.
1991년 옛 소련이 붕괴된 후 러시아를 비롯해 지하철이 있는 각 공화국에서는 얼마 전까지만 해도 사진 찍는 것을 철저히 금지했는데, 지금은 열다섯 공화국 중 우즈베키스탄과 벨라루스 두 나라만 금하고 있다. 하지만 시간이 흐르면 이 두 나라도 변할 것이다.

카자흐스탄의 경제 도시 알마티 지하철이 2011년 12월 11일 개통되어 중앙아시아에서 유일하게 타슈켄트에 전철이 운행된다는 말은 이제 흘러간 옛 이야기가 되었다.

돌의 도시 타슈켄트 거리를 걷다 보면 '느림의 미학'이란 말이 저절로 떠오른다. 서울에서는 아무리 찾고 싶어도 마음의 여유가 잘 다가오지 않는데, 배낭을 메고 이곳을 걸을 땐 가슴 깊숙이 파고든다. 부지런히 움직이는 것에 익숙한 나는 타슈켄트에서만큼은 조급함을 버리고 여유를 갖는다. 마음을 비워 버린 여행자여서 그럴 수도 있지만 겉과 속이 다른 우즈베키스탄의 모습에 현혹되어 버린 것인지도 모른다.

황소걸음으로 느릿느릿 가다 보니 타슈켄트의 대표적인 초르수 바자르가 보인다. 쌀과 향신료, 각종 야채와 과일을 판매하는 재래식

시장으로 타슈켄트 서민들의 소박한 모습을 볼 수 있는 삶의 현장이다. 물건을 사면서 상인들과 흥정하는 재미도 여행의 즐거움이다.

그런데 매일매일 어마어마한 쓰레기가 나오지만 썩는 냄새가 나지 않는다고 한다. 날씨가 건조하여 야채와 과일이 썩기 전에 물기가 증발해 버리기 때문이다.

고려인 상인들이 가장 많은 꾸일륙 바자르에서는 김치를 비롯해 각종 야채샐러드를 살 수 있고, 생선과 일용 잡화까지 모든 것을 가장 많이 팔고 있는 알라이스키 바자르도 있다.

타슈켄트 거리는 시원하게 잘 정리되어 있다. 타슈켄트는 1866년, 1868년, 1886년, 1924년, 1966년 이렇게 다섯 차례 대지진이 일어났는데, 30만 명의 이재민이 발생한 1966년 대지진 때 도로 정비를 다시 했기 때문이다.
7.5 리히터 규모의 대지진으로 발생한 사상자들을 추모하기 위해 세운 기념비에는 지진이 일어난 1966년 4월 26일 날짜와 시간이 선명하게 새겨져 있으며, 대지진 당시 목숨을 걸고 어린이와 여성을 구한 남성의 동상이 세워져 있다.

화가들이 그린 그림을 감상하며 브로드웨이 거리를 산책하다 보면 옛 소련 시절 35,000m³ 공간에 마르크스 엥겔스의 동상이 서 있던

붉은 광장, 지금의 아무르 티무르 광장에 다다른다. 이곳은 칭기즈 칸 이후 세계 정복을 꿈꾸었던 위대한 아무르 티무르의 동상과 함께 시민들의 휴식공간으로 꾸며져 있다.

아무르 티무르는 한쪽 발을 저는 투르크족 몽골 사람으로 중앙아시아와 서남아시아 그리고 인도 북부를 정복했다. 그리고 제2의 도시인 사마르칸트를 수도로 정하기도 했던 우즈베키스탄의 영웅이다. 그런데 명나라를 정벌하러 가는 도중에 오트라르에서 병사하였다. 아쉬운 점은 하늘을 뒤덮을 만큼 빼곡했던 고목들을 지금은 다 뽑아 버린 것이다.

아무르 티무르 동상 아래에는 "아무르 티무르. 힘은 진리에 있다"라는 의미심장한 글과 "아무르 티무르 광장과 아무르 티무르 동상은 1993년 우즈베키스탄공화국 첫 대통령인 이슬람 카리모프 대통령의 의지로 개발되었다"라고 쓰여 있다.
아무르 티무르 광장 바로 옆에는 파란 돔과 화려하게 장식된 역사박물관이 있다. 우즈베키스탄 전통 문양으로 꾸며 놓은 건물 안에는 아무르 티무르와 이슬람 카리모프 대통령의 전시품이 진열되어 있다.

걷다 보니 피곤이 몰려왔다. 시원한 물줄기가 하늘을 향해 뿜어 오르는 광장 한쪽 간이의자에 앉아 오가는 사람들을 바라보았다. 하나같이 밝은 모습이었다. 옛 소련 당시에 30m 높이의 레닌 동상이 서 있던 자리에 지금은 우즈베키스탄의 지도를 보여 주는 지구본이 자리 잡고 있다.

파미르 하이웨이
지옥의 길 천국의 길

옛 소련 당시 타슈켄트는 모스크바와 상트페테르부르크, 키예프 다음 가는 인구 밀집 지역으로 중앙아시아에서 세 번째로 큰 경제 · 문화 중심지였다. 학자에 따라 BC 2세기 또는 BC 1세기에 세워진 것으로 추정되는데 자슈, 차치켄트, 샤슈켄트, 빈켄트 등 여러 이름으로 불리기도 했다.

그런데 유럽과 동양을 잇는 실크로드의 중심지는 8세기 초 아랍인에게 점령된 뒤 여러 이슬람 왕조의 영토가 되었다가 13세기 초 몽골인의 손에 넘어갔다.

그후 아무르 티무르 제국과 샤이바니드 왕조의 지배를 받다가 잠시 독립을 누리기도 했으나 1809년 코칸트한국에 병합되었다.
1867년 타슈켄트가 새로 설치된 투르키스탄 주의 행정중심지가 되면서 옛 시가지 옆에는 유럽풍의 새 시가지가 들어서기 시작했다. 그리고 1917년 11월 이후 러시아 사람들이 들어오면서 소련의 지배가 확고해졌다. 타슈켄트는 새로 수립된 투르키스탄 소비에트 사회주의 자치공화국의 수도였으나 1924년 자치공화국이 분리되면서 사마르칸트가 우즈베키스탄 소비에트 사회주의 공화국의 초대 수도가 되었으며 타슈켄트는 1930년에 수도로 변경되었다.

우즈베키스탄을 포함한 중아아시아, 더 넓게는 러시아와 옛 소련연방공화국을 돌아다닌 지 20여 년이 되어 간다. 카자흐스탄과 키르기스스탄 그리고 타지키스탄을 돌아보고 50일 뒤 다시 타슈켄트에 돌아올 것을 생각하며 타슈켄트 기차역으로 향했다.

타슈켄트에서 카자흐스탄 아스타나로 가는 기차 티켓은 서울에서 미리 준비해 놓아 마음이 느긋했다. 3등칸 쁠라치까르타 요금은 334,469숨. 공식 환율로는 약 160.03달러, 블랙마켓 환율로 사면 약 122.52달러다. 2013년 7월 현재 우즈베키스탄 환율은 1달러에 은행 공식 환율 2,090숨, 블랙마켓 환율 2,730숨으로 기차 티켓을 살 때 공식 환율 또는 블랙마켓 환율로 사는 건 각자의 능력이다.

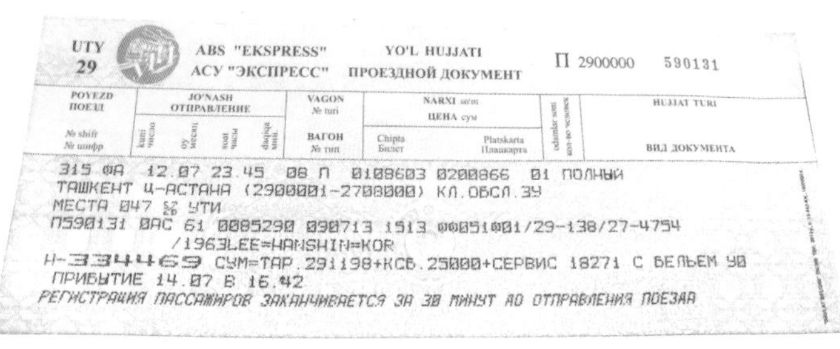

UTY 29 ABS "EKSPRESS" АСУ "ЭКСПРЕСС" YO'L HUJJATI ПРОЕЗДНОЙ ДОКУМЕНТ П 2900000 590131

POYEZD ПОЕЗД № shift № шифр	JO'NASH ОТПРАВЛЕНИЕ kuni число	oy месяц	soat часы	daqiqa мин.	VAGON № turi ВАГОН № тип	NARXI so'm ЦЕНА сум Chipta Билет	Platskarta Плацкарта	odamlar soni кол-во человек	HUJJAT TURI ВИД ДОКУМЕНТА

315 ФА 12.07 23.45 08 П 0108603 0200866 01 ПОЛНЫЙ
ТАШКЕНТ Ц-АСТАНА (2900001-2708000) КЛ.ОБСЛ.3У
МЕСТА 047 ½ УТИ
П590131 ВАС 61 0085290 090713 1513 00051001/29-138/27-4754
/1963LEE=HANSHIN=KOR
Н-334469 СУМ=ТАР.291198+КСБ.25000+СЕРВИС 18271 С БЕЛЬЕМ У0
ПРИБЫТИЕ 14.07 В 16.42
РЕГИСТРАЦИЯ ПАССАЖИРОВ ЗАКАНЧИВАЕТСЯ ЗА 30 МИНУТ ДО ОТПРАВЛЕНИЯ ПОЕЗДА

타슈켄트 기차역에서 23시 45분에 출발해 러시아 스베르드롭스크로 향하는 국제 열차를 탔다. 침대칸에 기대어 창밖을 보니 어두컴컴한 플랫폼에서 아이델이 환한 웃음을 지으며 손을 흔들고 있었다.

타슈켄트 추모의 광장 벽면에 가슴 찡한 글이 적혀 있다.

"사랑하는 이여! 당신은 늘 내 마음속에 있습니다.

조국의 자유와 국민의 행복과 진리를 위해 무명의 헌신을 한

무명용사들은 영원히 우리 마음속에 있습니다."

02 우즈베키스탄 타슈켄트에서 카자흐스탄 아스타나*Astana*로 가는 국제열차

그랜드 라디우스 호텔에서 타슈켄트 기차역까지 택시로 10분
타슈켄트 기차역에서 23시 45분에 출발해
이틀 뒤 17시 28분에 도착하는 아스타나 기차역까지 41시간 43분

54
53

23시 45분 타슈켄트 기차역을 출발하여 40분 후 우즈베키스탄 국경선에 도착해 여권 검사를 마치고 01시 50분에 다시 출발했다. 대부분 우즈베키스탄 사람들이어서 여권 검사가 순조롭게 끝났다. 02시 05분 카자흐스탄 국경선에 도착해 입출국 수속을 마무리 짓고 나니 03시 50분, 기차가 다시 움직이기 시작할 때는 서서히 날이 밝아오는 새벽녘이었다.

카자흐스탄 세관원이 제일 먼저 내 여권을 건네면서 입국 서류를 작성하는데, 가지고 있던 스마트폰 통역기로 한국말로 서비스를 하며 슬그머니 자랑을 했다. 그러자 우즈베키스탄 사람들이 한바탕 웃음을 터트렸다.
카자흐스탄 국경선에서 두 시간 가까이 여권 검사가 진행되었다. 여행자에게는 관대하지만 우즈베키스탄 사람들에게는 마피아가 돈을 걷어가듯 일방적으로 돈을 수금해 간다. 누가 보든 말든 돈을 걷어 주머니에 넣기 바빴다.

카자흐스탄과 우즈베키스탄의 경제 상황을 지금 타고 가는 기차 안에서 엿볼 수 있다. 이 기차에 타고 있는 사람은 대부분 우즈베키스탄 노동자들로 러시아에 일자리를 찾아가는 이들이다.
그러다보니 카자흐스탄 국경선에 도착하면 군인과 세관원들이 여권과 짐 검사를 완전히 포로수용소 난민 대하듯 한다. 피난 보따리 같은 짐들을 다 헤집어 놓고 가진 돈을 몽땅 빼앗아 가도 한 마디도 못하고 쩔쩔맨다.
옛 소련이 해체된 후 카자흐스탄과 우즈베키스탄의 경제가 반대 상황이 되었다. 과거 중앙아시아의 중심이었던 우즈베키스탄 입장에서 보면 피가 거꾸로 솟는 기분이겠지만 약자의 설움이니 누구한테 하소연할 처지가 못 되는 것 같다.

눈치 빠른 우즈베키스탄 사람 중에는 나에게 달려와 달러를 맡긴다. 어느 사이 내 주머니에는 달러가 수북히 쌓인다. 카자흐스탄 세관원이 여행자인 나에게는 돈을 얼마나 가지고 있는지 묻지도 알려고도 하지 않았다. 안전한 금고인 나에게 잠시 맡겨 놓았다가 카자흐스탄 국경선을 넘어가면 다시 잽싸게 달려와 손을 내밀었다. 고맙다는 말을 연거푸 하고는 식사 때나 아니면 출출할 때 먹을 것과 보드카를 잔뜩 가지고 왔다.

시베리아 횡단열차를 타든 CIS 지역에서 기차를 타든 우즈베키스탄 사람들이 한국에서 일을 할 수 있게 도와 달라는 부탁을 수십 번, 아니 수백 번 듣게 된다. 54명이 잠을 자는 이 3등칸에 현재 46명이 타고 있는데, 45명이 우즈베키스탄 국적이고 나만 외국인이다.
그러니 여권 검사는 거의 VIP 수준이지만 가끔 동물원의 원숭이가 되기도 한다.

기차 안이 너무 더워 불가마에 들어앉은 것 같다. 피곤해서 잠은 쏟아지는데 밤새 왔다 갔다 하는 사람들로 잠을 설치다 보니 온몸이 굳어 장작개비 같다.
09시 카자흐스탄 국경 도시 침켄트 기차역에서 20분간 머물렀다. 옆 선로에는 타슈켄트와 우크라이나 하리코프 국제 열차가 서 있다.

2012년 EBS 세계테마기행 방송을 마치고 그해 7~8월 아내와 함께 시베리아 횡단열차 여행을 했었다. 상트페테르부르크에서 아내가 한국으로 돌아간 다음, 혼자 벨라루스와 우크라이나, 몰도바를 여행할 때 첫 번째 여행지인 벨라루스 민스크 기차역에서 아름다운 아가씨를 만난 적이 있는데, 바로 그녀의 고향이 하리코프였다.
하리코프로 향하는 국제 열차를 바라보며 그녀와 함께 러시아 칼리닌드라드에서 벨라루스 민스크로 가면서 이런저런 이야기를 나누었던 기억이 잠시 떠올랐다.

그런데 우크라이나 크림자치공화국으로 이민 간 내 친구 아이델처럼 2014년 5월 현재 유럽으로 향하는 서부 우크라이나와 하리코프가 있는 동부 우크라이나는 러시아를 향하고 있으며 크림자치공화국은 합법적인 주민투표를 거쳐 러시아와 통합하게 되었다.
우크라이나는 서부지역과 동부지역 그리고 크림지역의 세 지역, 아니 그 이상의 나라들로 갈라설 역사적인 위기에 놓여 있다.

지금 내가 타고 있는 이 국제 열차에는 러시아로 일하러 가는 우즈베키스탄 노동자들이 카자흐스탄 카라간다를 지나 아스타나 그리고 페트로파블로브스크를 지나 종착지인 스베르드롭스크로 가고 있다. 23시 45분 타슈켄트 기차역을 출발해 41시간 43분을 달려 이틀 뒤 17시 28분에 아스타나 기차역에 도착하는데, 종점인 스베르드롭스크에는 63시간 56분이 걸린다.

그런데 러시아의 스베르드롭스크로 씩씩하게 달리던 기차가 갑자기 카자흐스탄 어느 시골 마을에 멈춰서더니 1시간 넘게 꼼짝도 하지 않았다. 또 어딘가 고장이 난 모양이다.

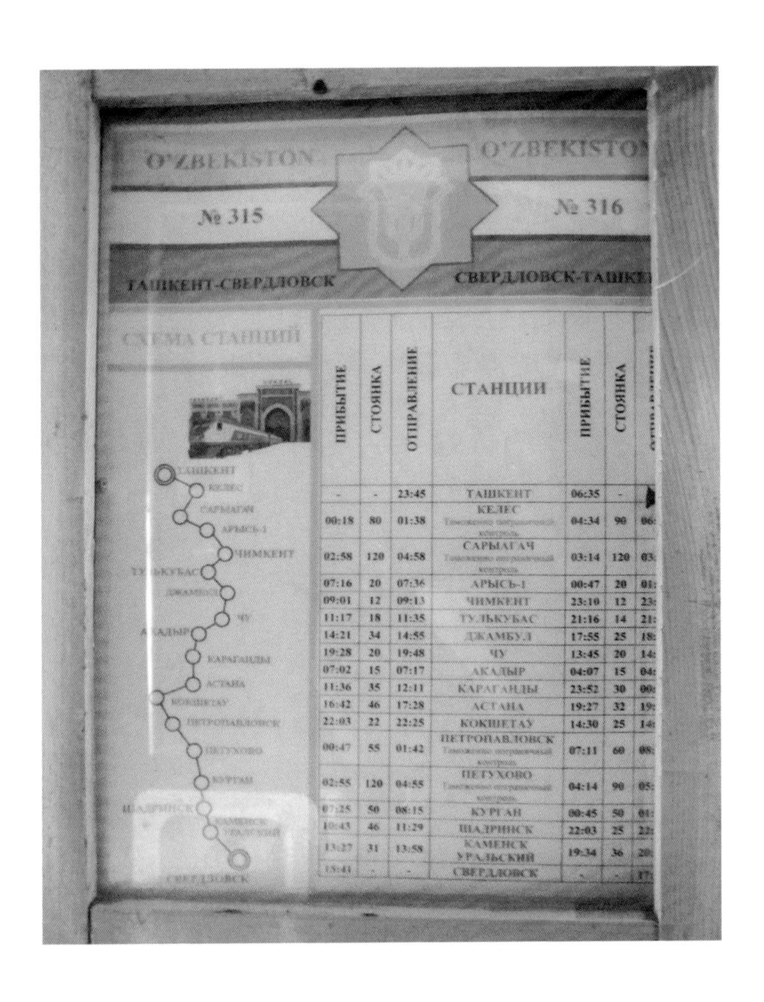

23시 45분 타슈켄트 기차역을 출발해 41시간 43분을 달려 이틀 뒤 17시 28분에 아스타나 기차역에 도착하는데, 종점인 스베르드롭스크에는 63시간 56분이 걸린다.

잠을 잘 수 있는 침대칸은 54개가 있고
일반 좌석, 즉 앉는 좌석은 81개가 있다는 표시다.
옛 소련연방공화국을 기차 타고 여행하다 보면
기차 모퉁이에 이렇게 쓰여 있는 것을 볼 수 있다.

푹푹 찌는 기차 안에 갇힌 사람들은 땀을 뻘뻘 흘리며 부채질을 하기 바쁘다. 나도 너무 지루해 기차 복도 끝 창문에서 시골 농가를 바라보고 있었다. 그때 철도길을 사이에 두고 30여 미터 떨어진 집 마당에서 사과를 따 먹던 어린 소녀와 얼굴이 마주쳤다. 내가 손을 흔들자 소녀도 손을 흔들었다.

열리지 않는 창문으로 사과를 던지라고 손짓을 하자 소녀가 커다란 사과를 하나 따서는 나를 향해 힘껏 던졌다. 중간에 떨어지자 다시 따서 힘껏 던졌지만 그만 철길 위에 떨어졌다. 그러자 먹음직스러운 사과를 따가지고 철길 가까이 와서는 내가 서 있는 창가를 바라보며 두 손을 내밀면서 함박 미소를 짓는다.
그때 하염없이 서 있을 것 같던 기차가 움직이기 시작했다. 나도 커다란 함박꽃 미소를 던져 주고 기차에 끌려 갔다.

이 국제 열차에선 다양한 사람들과 마찬가지로 물건을 살 때 오가는 돈도 우즈베키스탄 숨, 카자흐스탄 뎅게, 러시아 루블 등 여러 나라의 돈이 오고간다.

기차를 타고 며칠씩 여행할 때면 지겨울 거라 생각하지만, 여러 나라 사람들과 함께 있다 보면 이보다 마음 편한 여행도 없는 것 같다.

03

카자흐스탄 수도 아스타나*Astana*의 이심 강을 산책하며

아스타나 기차역에서 이심 강까지 버스로 15분
아스타나 기차역에서 신시가지까지 버스로 50분

9년 만에 아스타나를 다시 찾았다. 나에게도 많은 변화가 있었던 시간이다. 아스타나 기차역에 내려 광장으로 나가면서 환율을 보니 주말이라 1달러에 147텡게로 거래가 되는데, 평일은 152텡게로 환율이 좀 올라간다.

아스타나 기차역은 카자흐스탄 횡단철도와 러시아 시베리아 횡단철도가 만나는 지점이다. 이곳은 19세기 중엽부터 도시 형태를 갖추기 시작해 1868년 이후 러시아 지배 아래서 옛 카자흐스탄 지역의 행정 중심지 역할을 하였다. 20세기 초에 철도의 교차점이 되면서 더욱 발전하였다.

광장 앞에는 새롭게 태어난 도시답게 미니 호텔이 눈에 많이 띄었지만 기차역 안에 있는 간이숙소 꼼나뜨 옷띄하가 제일 저렴하다. 4인실 침대 하나를 2,000뎅게에 이틀을 묵기로 하고 배낭부터 풀어 놓았다. 샤워는 별도로 300뎅게를 지불해야 한다.
하룻밤 침대 하나에 평균 1달러를 150뎅게로 환산하면 13.3달러, 샤워 비용은 2달러다. 이렇게 할 수 있는 것만으로도 아스타나에서는 다행이며 행복하고 감사하다.

아스타나는 비즈니스를 하는 사람에게도 숙박비가 비싼 편이다. 특히 배낭여행자가 저렴하게 머물 수 있는 한국인이 운영하는 민박집이나 게스트하우스는 2013년 7월 현재 전혀 없다.
일종의 게스트하우스로 아스타나에서 제일 저렴하게 머물 수 있는 꼼나뜨 옷띄하 숙박비를 있는 그대로 적어 놓았다. 혹 아스타나를 여행하는 여행자에게 도움이 되었으면 한다.

아스타나 호텔 객실 요금표

VIP룸1–14,000뎅게(반나절 7,000뎅게)

객실2–5,000뎅게(반나절 3,000뎅게/1인당)

객실3–5,000뎅게(반나절 3,000뎅게/1인당)

VIP룸4–14,000뎅게(반나절 7,000뎅게)

객실7–5,000뎅게(반나절 3,000뎅게/1인당)

객실8–5,000뎅게(반나절 3,000뎅게/1인당)

객실9–5,000뎅게(반나절 3,000뎅게/1인당)

객실10–5,000뎅게(반나절 3,000뎅게/1인당)

1인당 객실 예약금 2,500뎅게

끔나띄 옷띄하 가족용 객실

객실11–3,500뎅게(더블/1인용)

객실12–3,500뎅게(더블/1인용)

객실13–2,000뎅게(4인용)

객실14–2,000뎅게(4인용)

객실15–2,000뎅게(5인용)

객실16–2,000뎅게(4인용)

객실5–2,000뎅게(6인용)

가족용 객실은 반나절이나 시간 단위로 사용이 불가능하며 객실 예약금은 700뎅게

해가 저무는 길을 따라 이심 강을 산책하다 보니 아주 오래된 기억들이 하나 둘 이심 강물 위에 어른거린다.

어두워지기 전에 이심 강을 따라 다시 기차역으로 돌아오는데 배낭을 메고 떠나올 때 아름다운 세상 이야기를 배낭 가득 담아 오라는 아내의 목소리가 귓가에 맴돌았다.

정말 이번 여행을 마치고 나면 늦게라도 철 좀 들게 해 달라고 이심 강을 향해 큰 소리로 외쳤다.

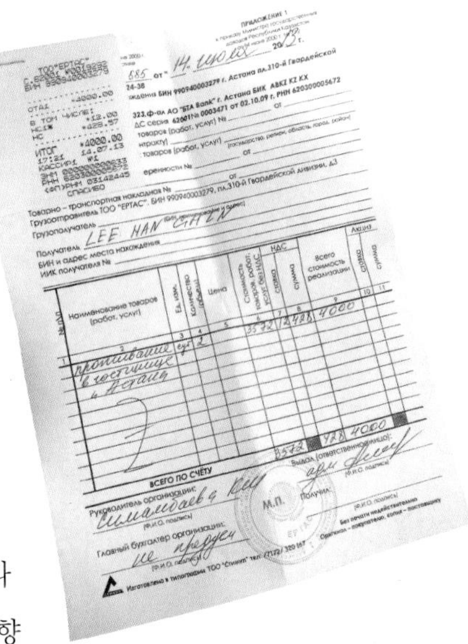

ТОО"ЕРТАС"
БИН 990940003279
=4000.00
В ТОМ ЧИСЛЕ:
+12.00
+428.57
ИТОГ =4000.00
17:21 14.07.13
КАССИР1 №1
РНН 620300005672
<ФП>РНМ 03142445
СПАСИБО

ПРИЛОЖЕНИЕ 1

№ 685 от "14" июля 2013 г.

БИН 990940003279 г. Астана пл.310-й Гвардейской

323.ф-ал АО "БТА Bank" г. Астана БИК ABKZ KZ KX

ДС серия 62001№ 0003471 от 02.10.09 г. РНН 620300005672

товаров (работ, услуг) № ___ от ___

Товарно – транспортная накладная № ___ от ___

Грузоотправитель ТОО "ЕРТАС". БИН 990940003279, пл.310-й Гвардейской дивизии, д.3

Грузополучатель

Получатель LEE HAN

БИН и адрес места нахождения

ИИК получателя №

№ п/п	Наименование товаров (работ, услуг)	Ед. изм.	Количество (объем)	Цена	Стоимость товаров (работ, услуг) без НДС	НДС ставка	НДС сумма	Всего стоимость реализации	Акциз ставка	Акциз сумма
1	2	3	4	5	6	7	8	9	10	11
			2		3572	12	428	4000		
ВСЕГО ПО СЧЕТУ					3572		428	4000		

Руководитель организации: (Ф.И.О. подпись)

Главный бухгалтер организации: (Ф.И.О. подпись)

Выдал (ответственное лицо): (Ф.И.О. подпись)

М.П.

Получил: (Ф.И.О. подпись)

Без печати недействительно
Оригинал – покупателю, копия – поставщику

Изготовлено в типографии ТОО "Стимул" тел. (7172) 320 167

2005년 아스타나를 여행할 때는 이심 강 저편에는 건물은 없고 나무들만 무성한 공원이었는데, 지금은 쭉쭉 뻗은 빌딩들이 눈에 들어왔다. 신시가지가 생기기 전 울창한 나무들이 빼곡하게 아스타나를 감싸고 있던 그때가 더 정감이 갔다.

중앙아시아의 두바이를 꿈꾸며 상상으로만 가득하던 건물들이 하나 둘 그룹을 지어 세상의 이목을 집중시키면서 언제부턴가 아스타나에도 구시가지와 신시가지라는 표현이 생기게 되었다.

기차역으로 돌아와 알마티로 가는 3등석 기차표를 사려니 내일 모레까지 3등석은 없고 17,000뎅게나 하는 특등석밖에 없단다. 17,000뎅게면 자그마치 113.3달러나 된다.
아스타나 기차역에는 두 군데서 표를 판다. 늘 사람들로 북적거리는 일반 매표소와 안쪽에 숨어 있어 기다리지 않고 곧바로 표를 살 수 있는 부킹 티켓도 있는데, 여기서도 3등석은 5일 후에나 표를 구할 수 있다고 한다. 바로 옆에 있는 버스터미널에서는 알마티로 가는 좌석버스가 있는데 망설이다 표를 사지 않았다. 아스타나에서 알마티까지는 약 18시간 달려가야 하고 버스 안에서 잠을 자며 여행

한다는 것이 얼마나 고생스러운지 알기 때문이다.

밤새 아스타나 하늘에 천둥 번개가 치더니 날이 밝아오면서 비가 그치고 상쾌한 바람이 불었다. 일어나자마자 부킹 티켓으로 달려갔다. 매표소 직원이 출근해서 표를 팔기 시작하자 알마티 가는 3등석 기차표가 있느냐고 물으니, 내일 정오경에 한 장 있단다.
아마 어젯밤에 누군가가 환불해 간 모양이다.

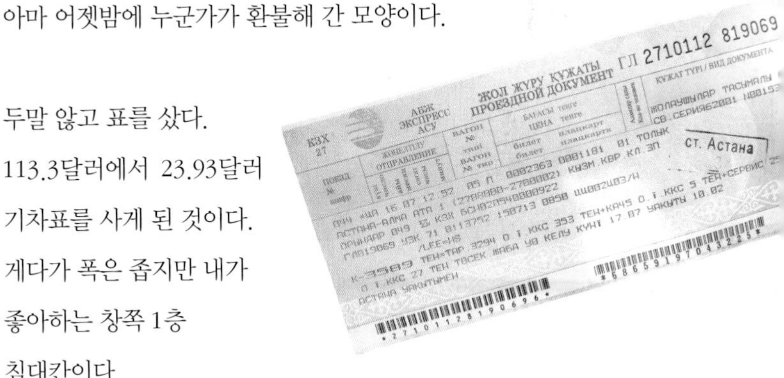

두말 않고 표를 샀다.
113.3달러에서 23.93달러 기차표를 사게 된 것이다.
게다가 폭은 좁지만 내가 좋아하는 창쪽 1층 침대칸이다.

아스타나 기차역 1, 2층에 있는 패스트푸드점에는 우리 입맛에 맞는 음식을 다양하게 팔고 있다. 이곳을 여행하는 한국 사람이 혹시 우리 음식과 가까운 것을 먹고자 할 때 이곳을 찾으면 된다.

1층에는 다양한 고기가, 2층에는 여러 종류의 샐러드가 준비되어 있어 취향대로 먹으면 된다. 음식이 많지는 않지만 흰밥에 이런 음식을 먹을 수 있는 것만으로도 대만족이다.

비가 그쳤나 싶었는데 오전부터 또다시 장대 같은 비가 쏟아졌다. 하늘을 보니 쉽게 그칠 기미가 보이지 않았다. 기차역 앞에서 출발하는 버스들은 아스타나 신시가지를 한 바퀴 돌고 종점인 기차역으로 다시 돌아오는데, 특히 21번 버스를 타면 신시가지 끝까지 갈 수 있다.

21번 버스를 타고 가는 동안에도 비가 계속 내려
창밖으로 구경을 하고 있으니 버스 안내양이 다가와
어디까지 가느냐고 물었다.
다시 기차역으로 간다고 하자 살며시 웃으며
돌아가는 버스 요금을 달란다.

아스타나 시내버스 앞에는
두 종류의 글씨가 쓰여 있다.
하나는 어린아이들 조심!
또 하나는 아스타나 수도 15주년 기념!
그러고 보니 알마티에서 아스타나로 수도를 옮길 당시 나도 카자흐
스탄을 여행하고 있었다.

아스타나 수도 15주년 기념!

어린아이들 조심하세요!

아스타나 15주년 기념과 나의 카자흐스탄 여행 기념일이 같다. 추억도 새롭고 세월도 많이 흘렀다. 1997년도에 알마티에서 아스타나로 수도를 옮겼는데 현재 시간이 2013년 7월, 그렇다면 16주년이 맞는데 왜 15주년이 되는지 잘 모르겠다.

아스타나는 1824년 군사 요새로 만들 때의 이름은 아크몰린스크였다. 그리고 1950년대 니키타 세르게이비치 흐루시초프가 굴락의 수용소가 있던 카자흐스탄 대초원을 소련의 새로운 농업 중심지인 밀밭으로 개간하면서 1961년 '처녀지의 도시' 라는 뜻의 첼리노그라드로 이름이 바뀌었다. 그후 1991년 12월 카자흐스탄이 독립하면서 아크몰라로, 1997년 알마티에서 아크몰라로 수도로 옮기면서 카자흐스탄어로 '수도' 라는 뜻을 가진 아스타나로 이름을 변경하는 과정에서 수도를 먼저 옮긴 다음 명칭을 1998년도에 아크몰라에서 아스타나로 바꾸었다.

아크몰린스크 시기부터 교역과 경제의 중심지 역할을 해 온 아스타나는 1950년대 이후에는 북부 카자흐스탄 농업 중심도시로 발전하였다. 특히 수도가 된 이후 대규모 도시계획이 진행되어 대통령궁과 최신 시설의 대규모 정부청사, 그리고 초현대식 문화센터 등 각종 건축물이 들어섰다. 인구는 70만 명 이상으로 지금도 계속해서 늘어나고 있다.

날이 완전히 어두워질 때까지 비가 계속 내렸다.

아스타나의 평화와 화합을 상징하는 62m 높이의 피라미드.
이집트의 피라미드를 참조하여 만든 현대식 공연장과 콘서트홀 그리고 회의실이 있다.

아스타나에서 조금만 올라가면 2012년 이맘 때 아내와 함께 시베리아 횡단열차 여행을 하면서 머물던 러시아의 노보시비리스크가 나온다. 아스타나가 카자흐스탄의 수도가 되면서 러시아와 중앙아시아를, 우크라이나의 키예프 그리고 신장의 우루무치와 연결된 새로운 노선이 분주하게 움직인다.

기차역은 시장터같이 사람들로 북적댔다. 더불어 꼼나띄 옷띄하도 오가는 사람들로 어수선했다. 옆 침대에서 자던 온몸을 문신으로 장식한 노인이 나에게 말을 걸었다. 깡마른 체격이지만 젊은 날 한가닥 했는지 폼을 잡으며 화장실까지 따라와서는 나에게 돈을 빌려 달라고 한다. 세상에!

러시아 상트페테르부르크에서 왔는데 집으로 돌아가는 기차 안에서 먹을 빵값이 부족하다면서 주소를 알려 줄 테니 500뎅게만 꿔 달란다. 내 노트에 주소를 적어 주며 상트페테르부르크에 오거든 연락하라는 그 노인을 멍하니 쳐다보았다.

독립은 자유를 위해 오랜 투쟁에서 승리를 거둔
우리 조상들의 희생입니다.
- 나자르바예프 대통령

카자흐스탄 왕의 모자를
본떠 만든 종합 쇼핑몰.
'왕의 뜻'이라는 아스타나의
한샷뜨르와 안에 있는 자이드롭.

파미르 하이웨이
지옥의 길 천국의 길

아스타나의 상징인 97m 높이의 바이뜨렉 타워.
수도를 이전한 기념으로 만든 탑이다.
'새로운 시작의 뜻'이 포함되어 있으며
엘리베이터를 타면 아스타나 시내를 내려다볼 수 있다.

04

아스타나에서 다시 2,000km를 내려와 내 젊은 날의 알마티*Almaty*로

아스타나에서 알마티까지 기차로 21시간 10분, 버스로 18시간
알마티 두 번째 기차역에서 하누리 게스트하우스까지 버스로 30분
하누리 게스트하우스에서 판필로프 공원까지 버스로 30분

소나기가 내리고 검은 구름이 잔뜩 몰려다니더니 아스타나를 떠나는 시간에 해가 살포시 고개를 내밀었다.
아스타나에서 알마티로 가는 침대칸에는 모두 아기 엄마들로 몹시 시끄러웠다. 옛 소련연방공화국을 기차 여행하면서 사람 살아가는 모습이 다 그러려니 하지만 오늘 밤은 걱정이 앞선다.

지금 내가 탄 기차는 영화에서 나오는 그런 낭만적인 기차가 아니다. 뿌연 창문 너머엔 석양의 초원길을 50년, 아니 70년은 된 듯한 낡은 자동차가 덜컹거리며 달리고 있다.
내가 탄 기차도 형편없지만 노을 지는 초원 위를 지나는 그 차도 아주 낡아 보인다. 덜컹거리는 기차 여행이 아니면 볼 수 없는 풍경이다. 카메라에 담을 수는 없지만 더 멋진 내 마음의 카메라에 담는다.

카자흐스탄을 여행할 때 예전에는 2030, 지금은 2050이라는 커다란 간판이 보인다. 2030년에 선진국 반열에 오른다는 뜻이었는데 이제는 2050년으로 미루어진 모양이다.

중앙아시아 지역을 여행하면서 카자흐스탄 아스타나를 다녀오려면 여간 번거로운 것이 아니다.
경제 수도 알마티에서 북쪽으로 약 2,000km 떨어진 아스타나를 가려면, 시간을 다투는 비즈니스맨이라면 비행기를 타고 갔다 오면 편하겠지만, 주머니가 가벼운 여행자에게는 기차나 버스를 타고 올라

갔다 다시 돌아와야 한다. 아니면 아스타나를 거쳐 러시아로 가거나 반대로 시베리아 횡단열차를 타고 가다가 중간에 기차를 갈아타고 아스타나로 내려오면서 시작해야 한다.

또는 신장 지역 우루무치에서 아스타나로 이동해 중앙아시아 여행을 시작하는 경우를 제외하고는, 하여튼 중앙아시아만을 여행하려면 번거롭지만 어쩔 수 없이 아스타나와 알마티의 약 2,000km를 왕복해야 한다.

알마티에는 두 개의 기차역이 있는데 기차역 크기와 북적거리는 사람들로 말하면 알마티 첫 번째 기차역이 크지만, 알마티 시내로 들어가는 길목은 두 번째 기차역에서 내려야 한다. 아스타나에서 알마티로 타고 내려온 이번 기차는 알마티 첫 번째 역이 종점으로 이 기차역에서 버스를 타고 알마티 시내로 이동해야 한다.

러시아나 신장 우루무치에서 카자흐스탄 알마티로 오는 여행자 중에 알마티 기차역이 헷갈려 첫 번째 기차역에 내리는 사람들이 있어 두 번 고생을 하는 경우가 있는데, 반드시 두 번째 기차역에서 내려야 한다.

어쩔 수 없이 알마티 첫 번째 기차역에서 두 번째 기차역으로 가려면 80뎅가를 주고 두 기차역을 오가는 73번 버스를 타면 첫 번째 기차역 건너편 버스정거장에서 내려 시내로 갈 수 있다. 그런데 버스가 느리긴 느리다.

기차역에서 버스를 타고 하누리 게스트하우스로 가다 보면 아타켄트 공원 입구를 지나게 되는데 비즈니스 센터가 있어 엑스포와 같은 박람회 등이 많이 열리는 곳이다. 하얀 겨울에는 무릎까지 쌓인 눈을 밟으며 공원 입구에서 정면을 바라보면 풍경화처럼 배경으로 펼쳐진 톈산 산맥의 모습이 너무 아름다워 눈이 부시다.

어쩌다 들르는 여행자를 그 자리에서 언제나 반겨주는 하누리 게스트하우스로 향했다.
2011년 아내와 함께 실크로드를 거쳐 카자흐스탄을 여행한 후 2년 만에 다시 찾은 나에게 주인장은 정성이 가득 담긴 저녁상과 시원한 보드카를 내왔다.

지금은 게스트하우스에 묵고 있지만, 1998년 봄 알마티를 여행할 때는 작은 폭포처럼 생긴 두 개의 분수가 바이세이토바 거리까지 흐르는 독립 광장 건너편 아파트에 머물렀다. 맑은 날에는 두 개의 분수와 알라타우 산맥이 잘 어우러져 한 폭의 그림을 연상케 하고, 많은 사람들이 사진을 찍는 알마티에 있는 광장 중에서 가장 크다.
주말이면 결혼식을 끝낸 신랑 신부들이 친구들과 함께 기념 촬영하

파미르 하이웨이

지옥의 길 천국의 길

는 장면을 많이 볼 수 있다. 알마티의 기념행사나 축제 땐 다양한 퍼레이드가 열려 카자흐스탄 전통음악과 축제도 즐길 수 있다.

1986년에 조성된 이 광장 지하에는 최근 유럽식 쇼핑센터가 문을 열어 알마티의 새로운 명소로 자리 잡고 있다. 공화국 광장 또는 독립광장이라고도 불리던 신광장 한가운데 18m 높이의 독립기념비가 서 있다. 모스크바 출신 건축가 쇼타 빌리카노프가 만든 기념탑 꼭대기에는 날개 달린 표범과 금전사를 모델로 한 독립 기념 동상이 있다. 이 기념비는 1986년 12월에 일어났던 모스크바 통치에 항거한 의거를 기념하기 위하여 1996년에 세워진 것이다.

신광장 주변에는 대통령궁과 구 정부청사, 국영 텔레비전 방송국, 앙카라 호텔, 알마티 국군병원과 국립중앙박물관, 그리고 대형 쇼핑몰인 람스토르 등 여러 건물이 있다.
나는 10분 거리에 있는 국립중앙박물관을 찾았다. 중앙아시아에서 가장 크고 오래된 이 박물관은 1985년 새로 지은 것으로 20만 점이 넘는 유물들을 소장하고 있다. 블라디미르 달 등 명망가들이 설립을 추진해 자료는 19세기부터 수집했으나 박물관은 1931년에야 문을 열 수 있었다.
박물관이 세워진 시기는 카자흐스탄이 옛 소련연방에 포함되기 이전이었고, 1907년에 지어진 성당 건물에서 전시를 시작해 1985년 대통령궁 맞은편에 현대식 건물을 짓고 새로 문을 열었다.

네 개의 전시실 중 첫 번째 전시실에는 선사시대부터 고대까지의 유물들이, 두 번째 전시실에는 15~20세기까지 카자흐스탄 국가가 형성되는 중세 과정의 유물들이, 세 번째 전시실에는 옛 소련 볼셰비키 혁명 시절의 카자흐스탄 역사가, 네 번째 전시실에는 1991년 독립 이후 현대 유물들이 전시되어 있다.

게스트하우스에 머물며 먹고 싶은 것이 있을 때 찾는 곳이 질뇨느이 바자르, 즉 녹색시장이다. 그곳에는 고려인 아주머니들이 한국식 김치와 음식을 만들어 팔고, 여러 종류의 사과와 각종 건과류들

이 먹음직스럽게 진열되어 있다. 연해주에서 강제 이주한 2~4세 고려인들의 밝은 모습에서 그들과 우리가 한 민족임에 자긍심을 느끼게 한다.

이곳에서 11년 만에 따냐를 만났다. 무슨 말을 해야 할지…. 아무 말도 떠오르지 않았다. 어여쁜 아가씨에서 이제는 딸 하나를 둔 넉넉한 아줌마가 된 따냐.
"리! 라이사 만나고 싶지 않아요?"
잠시 침묵이 흘렀다. 라이사한테는 연락을 하지 않았지만 무작정 보러 가자고 한다.

12년 만에 라이사를 만났다. 2004년에 결혼해 아들과 딸을 둔 라이사 역시 예전의 가냘프고 소박한 모습은 온데간데없다.

알마티에 올 때마다 정성스럽게 밥상을 차려 주셨던 라이사의 엄마는 2013년 봄에 돌아가셨단다. 나에게 참 잘해 주셨는데….

"후세들을 위하여 이 땅을 찾았다.
독립한 민족끼리 행복하게 잘 살아야 한다."

따냐와 라이사는 15년 전에 만난 친구들로 10년이 넘어 다시 만났지만 언제 또 만날지 모르겠다. 그때도 언제 다시 만날 수 있을까 했는데 10년 세월이 흘러 마주보고 있다. 머나먼 대한민국과 카자흐스탄에서 건강하게 또다시 만날 수만 있다면 행복이고 축복일 것이다.

따냐가 한턱 내겠다며 고급 뷔페식당으로 향했지만, 얘기를 하다 보니 음식은 뒷전이었다. 게스트하우스로 돌아오니 주인장이 삼계탕과 보드카까지 준비해 놓고도 대접이 부족하다고 한다. 정말 친절한 분이다.
침대에 누워 있으니 오래된 친구 따냐와 라이사의 모습이 자꾸만 어른거렸다.

알마티를 거닐고 싶어 하루 더 머물렀다.
내 젊은 날의 한 부분을 차지했던 알마티 거리의 무성한 나무 그늘 아래 벤치에 앉아 있으니 과거의 추억들이 주마등처럼 떠올랐다. 옛 알마티의 먼지 묻고 오래된 회색 건물들이 머릿속을 떠나지 않았다.

판필로브 공원으로 발길을 돌렸다. 울창한 나무와 꽃들로 아름답게 조성된 알마티 시민들의 휴식처인 커다란 직사각 형태의 공원이다. 1960년대에 건립된 공원 안에는 러시아 젠코브 정교회 대성당과 꺼지지 않는 불꽃 그리고 28인 전사의 묘 등 역사적 가치가 있는 건물들이 있다.

"위대한 러시아, 후퇴할 길은 없다.
모스크바가 뒤에 있다."

판필로브라는 공원 이름은 1941년 제2차 세계대전 당시 모스크바 근교까지 독일군이 들어왔을 때 316보병사단 1075연대 소속인 28명의 전사가 독일군 탱크 50대에 필사적으로 저항했는데, 그 사단이 알마티 시에서 창설되었고 이반 판필로브 장군이 지휘를 했다고 해서 장군의 이름을 따서 명명하였다. 28명의 전사가 전쟁 중 순직하여 이를 기념하기 위한 기념비가 세워져 있다.
결혼식을 마치고 신랑 신부가 이 꺼지지 않는 불꽃 앞에 와서 헌화하는 장면도 또 하나의 볼거리다.

판필로브 공원 안에는 우아한 장식으로 건축된 아름다운 러시아 정교회 젠코브 대성당이 있다. 젠코브라는 사람이 디자인하였고 1904년에 시작하여 1907년에 완공되었다. 대성당의 높이는 54m로 카자흐스탄뿐 아니라 세계에서도 두 번째 높은 목조 건축물이자 세계 8대 목조 건축물의 하나다.
대성당 사업은 19세기 중반부터 시작되었으나 막대한 자금과 1889년의 대지진으로 인해 도시의 일부분이 파손되어 성당 건설 사업은 늦춰지게 되었고 그 이후 지진으로 인해 더 이상 공공건물이 파괴되는 것을 막기 위해 특별한 공법으로 건설하였다.

텐산 산맥에서 나오는 목재로 만들어진 대성당은 1911년 알마티 지역을 강타한 리히터 규모 10의 지진에도 견뎌 낸 것으로 유명하다. 성당의 무게 중심을 안정적으로 확보하기 위해 무겁고도 낮게 모양

을 만들고 그 위에 탑을 세웠다. 그리고 못을 사용하지 않아 지진의 흔들림에 목조의 유연성을 발휘할 수 있도록 고안하였다.
옛 소련 시절 이 성당 건물은 역사박물관과 문화센터 등으로 사용되다가 1991년 카자흐스탄이 독립하면서 가장 먼저 착수한 것이 대성당 복원 사업이다. 그로 인해 러시아 정교회로 성당 본연의 모습을 찾게 되었다. 옛 소련 시절에는 예배가 진행되지 않다가 1995년 러시아 정교회로 반환된 후 1997년부터 다시 예배가 시작되었다.

판필로브 공원에서 질뇨느이 바자르 쪽으로 천천히 20분을 걸어가면 알마티의 상징적인 모스크를 볼 수 있다. 1890년에 지어진 옛 사원으로 더 이상 신도들을 수용할 수 없게 되자 1999년 공공 기부금으로 새로 지은 것으로 중앙아시아에서 가장 규모가 크다. 한 번에 최대 10,000명을 수용할 수 있다고 한다.
흰색 대리석과 다양한 색상의 광택이 나는 타일로 장식한 모스크 돔의 지름은 20m, 높이는 36m로 첨탑까지 포함하면 47m에 이른다. 돔 5개에 모두 첨탑이 있다.
이 거대한 모스크는 카자흐스탄에서 가장 중요한 건물로 1991년 카자흐스탄이 옛 소련으로부터 독립하면서 다시 종교적 자유를 찾은 상징적 의미가 있는 곳이다.
직사각 모양의 이슬람 사원 중앙 통로는 거대한 기도실로 이어지고 기도실 천장은 돔 모양의 8각형이다. 기도실 중앙에는 메카를 향해 움푹 패여 있으며 화려하게 장식된 미흐라브는 여러 가지 색상의 모자이크로 되어 있어 마치 아랍과 터키에서 온 아주 매혹적인 예술품같이 장식되어 있다.
미흐라브 오른쪽에는 메이바라는 이슬람 성직자상이 서 있고, 이슬람 사원의 세면대는 거리의 소음이 사원 안으로 들어오지 않도록 설계되었다.

알마티 시내와 톈산 산맥의 다차가 시원스럽게 한눈에 들어오는 알마티의 남산 꼭주베에 올랐다. 지방에서 알마티 시내로 들어오면서

파미르 하이웨이
지옥의 길 천국의 길

맨 처음 눈에 보이는 것이 바로 해발 1,070m 지점에 솟아 있는 꼭주베의 TV 타워다. 알마티 시내 어디에서든 동쪽을 바라보면 꼭주베가 눈에 들어온다. 꼭주베 TV 타워는 높이 327m, 5개의 TV 채널과 4개의 라디오 채널, 80~190km의 반경을 커버하며 전망대는 146m 지점에 있다. 이 타워는 철심을 내부 지반 내에 고정시켜 강도 10의 지진에도 견딜 수 있도록 설계했다고 한다.

꼭주베에서 내려오다 보면 잠불 동상과 마주치게 된다. 잠불은 1846년 2월 가난한 유목민의 아들로 태어났다. 전설에 의하면, 그의 어머니가 지역 간의 다툼으로 피신 중에 잠불이라는 산 근처인 '추' 강에서 그를

낳았기 때문에 잠불의 아버지가 추 강 근처 산의 이름을 따서 잠불이라는 이름을 지어 주었다.
소년 잠불은 돔브라라는 카자흐스탄 전통악기를 아주 어려서부터 배우기 시작해 14세 되던 해에 분가하여 수윤바이에게 작사 작곡 반주 등 즉흥적으로 연주하고 노래하는 기법을 전수받았다.

잠불은 19세기 말부터 20세기 초까지 카자흐스탄 전통음악을 연주하고 시와 노래를 하였으며, 토론대회에 참가하면서 이름을 알리기 시작하였다. 또한 카자흐스탄의 유명한 장군 수란시와 우테켄 등의 서사시, 동화와 부랑자 이야기 등을 연주와 함께 노래하였고 시사비평에 능하였는데, 잠불은 고집스럽게 이 모든 것을 카자흐스탄어로만 하였다.

1917년 10월 옛 소련 혁명이 일어날 당시 70세였던 잠불은 오랫동안 돔브라 연주를 하지 않다가 그 시대의 위대한 영웅 스탈린을 찬양하면서 다시 연주하기 시작하였다.
잘 알려진 잠불의 작품은 '10월 찬양가', ' 레닌의 무덤에서', '내 조국', '레닌과 스탈린' 등을 발표하였고, 'Aksakal Kalinin에게' (1936), 'Batyr Yezhov의 노래' (1937), '클림 장군' (1936) 등도 널리 알려진 작품이다.

1941년 히틀러와 전쟁 때 아들을 잃고 1941~1942년 겨울 히틀러가 레닌그라드, 지금의 상트페테르부르크를 봉쇄하자 잠불은 국민을 위하여 위로와 희망의 메시지를 전달하며 용기를 주었다. 잠볼의 메시지는 라디오를 통해 방송되었고, 벽보에 글을 붙여 용기를 주었다 하여 스탈린의 이름으로 영웅 훈장을 받았다.

1945년 6월 22일 99세의 나이로 '알마아틴스카 오블라스티' 에서 사망하였는데 그가 살았던 도시를 1938~1993년까지 잠불이라 불렀으며, 현재는 '타라즈' 라 불린다.

19세기 카자흐스탄의 계몽운동가로서 문학의 아버지이자 민족 시인이며
교육자인 아바이 쿠난바예프는 최고의 지성인으로 꼽힌다.
'아바이'는 카자흐스탄어로 '조심스런' 또는 '주도면밀하다'라는 뜻이다.

05

알마티를 떠나 비자가 필요 없는 키르기스스탄 비슈케크*Bishkek*로

하누리 게스트하우스에서 사이란 시외버스터미널까지 택시로 15분
사이란 시외버스터미널에서 카자흐스탄과 키르기스스탄 국경선까지 택시로 3~4시간
키르기스스탄 국경선에서 비슈케크 시내 중심지까지 미니버스로 30분
비슈케크 시내에서 타지키스탄 대사관까지 택시로 15분

알마티를 떠나면서 아내에게 전화를 하니 몸조심하라고 당부를 한다. 걱정해 주는 아내가 고맙고 미안하다.
배낭을 메고 사이란 시외버스터미널에 도착하니 택시와 봉고차 운전기사들이 우르르 달려들었다. 미니버스를 타면 1,000텡가 6.6달러, 자가용 택시를 타면 2,000텡가 13.3달러다.
좁은 택시보다 넉넉한 미니버스를 타자마자 카자흐스탄과 키르기스스탄 국경선의 추 강까지 3시간 만에 쏜살같이 달려간다.

중앙아시아에서는 처음으로 키르기스스탄이 한국인에게 무비자를 실시하고 있다. 2012년 7월 26일부터 여행을 목적으로 60일까지는 비자가 면제되어 키르기스스탄의 국경선을 싱겁게 넘자마자 환율을 보니 1달러에 48.9솜이다.

국경선을 넘으면 휴가철을 맞아 이식쿨 호수를 끼고 있는 촐폰아타나 카라콜로 가려고 주변 국가에서 온 관광객들로 붐빈다. 이들을 태우려는 운전기사들의 호객하는 소리가 몹시 소란스러웠지만 20솜 하는 미니버스를 타면 비슈케크 시내로 쉽게 갈 수 있다.

시내로 들어가면서 제일 먼저 시원스런 마나스 광장을 지나게 된다. 전설적인 영웅 마나스는 40개로 분열되어 있던 키르기스스탄 부족을 한 개의 국가로 통합한 인물이다. 마나스 동상 아래에 적힌 글은 '매를 훈련시켜 훌륭한 새로 만들었으며 씨족을 단결시켜 한 민족을 만들었다' 는 뜻이다. 마나스는 매 종류 중에서 잘 날지 못하는 매를 잡아서 훌륭한 매로 훈련시킬 만한 능력을 갖고 있다는 의미다. 그 옆의 45m 높이의 국기게양대에서 매일 17시에 근위병 교대식이 있다. 이 또한 볼거리 중 하나다.

마나스 광장 건너에는 옛 소련 시절 레닌 거리였던 비슈케크의 중심가 추이 거리 한가운데에 알라 투 광장이 있다.

키르기스스탄의 중요한 축제나 행사, 의식이 진행되는 중심지로 추 강은 키르기스스탄의 젖줄과 같다. 알라 투 광장은 옛 소련 시절인 1984년에 소비에트연방의 일원인 키르기스스탄공화국 탄생 60주년을 기념하여 조성되었다.

비슈케크에는 키르기스 산맥과 가까운 해발 750~900m 고지대의 넓은 골짜기에 위치한 알라르차, 알라메딘 강이 흐르며 볼쇼이 추이스키 운하가 북쪽을 가로지르고 있다. 1825년 코칸트한국의 군대가

건설한 자그마한 촌락에서 시작되었지만 1878년 러시아군이 코칸트한국의 요새를 점령하면서 교역이 활발한 지방 도시로 성장하였다. 엉성하고 불규칙한 모양으로 펼쳐진 먼지투성이 마을 수준에서 벗어나지 못하다가 1924년 새로 창설된 키르기스 자치주의 주도로, 그리고 철도가 부설되면서 급속히 발전하였다.

1926년 키르기스스탄 소비에트 사회주의 자치공화국이 창립되자 비슈케크는 공화국의 수도가 되었다. 명칭도 1885년 이곳에서 태어난

혁명가이자 적군 지도자였던 미하일 바실리예비치 프룬제의 이름을 따서 프룬제로 바뀌었다가 옛 소련이 해체되고 독립되면서 비슈케크로 변경되었다.

가로수가 늘어서 있는 넓은 도로들이 바둑판처럼 뻗어 있고 공원과 과수원이 곳곳에 자리 잡고 있는 비슈케크는 전원도시같이 조용하다. 그리고 남쪽에는 만년설로 뒤덮인 산들이 보인다.

비슈케크뿐만 아니라 이번 중앙아시아 여행길은 날씨가 무척 변덕스럽다. 지구촌 곳곳에서 일어나는 기상 변화로 좀처럼 비가 내리지 않던 이곳에 아스타나, 알마티를 거쳐 오는 동안 소나기가 내렸다. 그냥 소나기가 아니라 하늘에 커다란 구멍이 난 것 같았다.

오전에 비슈케크의 타지키스탄 대사관을 찾아가 1년 만에 자리나를 만났다. 비자 신청서를 접수하는 자그마한 공간은 타지키스탄 비자와 파미르 여행 허가서를 신청하려는 외국인 여행자들로 가득했다.

"Hello! Hello!"

서로 웃으며 인사하기 바빴다.

"자리나, 안녕하세요?"

자리나가 나를 쳐다보며 고개를 갸우뚱하더니 내 여권을 보고는 기억이 나는 모양이다.

자리나는 2012년 EBS 세계테마기행 촬영 때 인연을 맺었다.

"미스터 리! 파미르 하이웨이에 또 가는 거예요?"

"네! 또 갑니다."

"미스터 리! 파미르 하이웨이에 무슨 보물이라도 숨겨놨어요?"

"그러게요. 어쩌다 보니 또 가게 됐네요."

"도대체 파미르 하이웨이에 몇 번째 가는 거예요?"

"아마 여섯 번, 일곱 번째일 겁니다."

사실 나는 배낭 하나 달랑 메고 중앙아시아를 돌아다녔고 파미르 하이웨이도 몇 번을 왕복했는지 잘 모른다. 그곳에 길이 있어 걷다 보니 지금까지 걷고 있다.

내가 여권 열네 개를 내밀자 자리나가 놀라는 얼굴이다. 웬 여권을 이렇게 무더기로 주느냐며 은근히 신경이 쓰이는 눈치였다. 비자 신청서와 파미르 여행 허가 신청서를 내주는 자리나의 얼굴이 심상치 않았다. 잠시 후 모두 작성한 신청서를 건네니 3일 후에 오란다.

"자리나!"

살짝 웃으며 이런저런 이유를 들어 애원도 하고 구원도 하니 대사관이 문을 닫는 오후 5시가 조금 넘어서 오라고 했다.
한 달 싱글 비자는 75달러, 더블 비자는 85달러, 그리고 키르기스스탄 돈으로 100솜을 지불해야 하는데 파미르 여행 허가서를 포함한 가격이다. 세상 물가가 변하듯이 2012년에는 65달러, 75달러, 150솜이었는데 약간의 변화가 생겼다.
다시 한 번 환하게 웃으며 자리나한테 윙크를 하고 그녀의 눈빛을 보니 마음이 놓였다.

1998년 중앙아시아를 처음 배낭여행할 때만 해도 타지키스탄 비자와 파미르 여행 허가서를 카자흐스탄 알마티에서 받았다. 그 이유는 카자흐스탄 알마티의 타지키스탄 대사관에서는 원칙대로 처리하니 5일에서 일주일 전후 걸렸기 때문이다.
반면에 타지키스탄과 우즈베키스탄은 늘 으르렁거리는 관계로 우즈베키스탄 타슈켄트의 타지키스탄 대사관에서는 2~3주가 걸리는데, 이것도 언제 어떻게 바뀔지 모르는 불확실한 상황이다.
그런데 언제부터인가 여행자들이 타지키스탄과 파미르 하이웨이를 여행할 때 카자흐스탄이나 우즈베키스탄이 아닌 키르기스스탄 비슈케크의 타지키스탄 대사관에서 비자와 파미르 여행 허가서를 받는 것이 일반화되었다.

키르기스스탄 비슈케크의 타지키스탄 대사관에서는 비자와 파미르 여행 허가서를 신청하는 여행자들에게 담당자가 10분 후에도 좋고,

1시간 후에도 좋고, 오후에도 좋고 그렇게 비자와 파미르 여행 허가서를 짧은 시간 내에 만들어 주었고, 이렇게 직접 겪은 경험이 인터넷에 올라와 있으니 뒤를 따르는 여행자들은 당연하다고 생각한다. 그래서 이 대사관에서는 몇 분에서 몇 시간이면 모든 것이 해결된다고 생각하는 여행자가 대부분이다.
원칙에 어긋난 반칙이 규칙이 되어 버려 그것이 지금처럼 누구나 손쉽게 받을 수 있다고 굳어 버렸다.
자리나가 나한테 말한 것처럼 한 사람이든 열 사람이든 타지키스탄 비자와 파미르 여행 허가서를 신청하면 3일 후에 발급하는 것이 원칙인데, 그만 원칙을 버린 것이 화근이 되었단다.

타지키스탄 비자와 파미르 여행 허가서를 특히 카자흐스탄 알마티의 타지키스탄 대사관에서 비자를 받았던 이유는 파미르 하이웨이는 보통 키르기스스탄 오시에서 시작하는데 알마티에서 비슈케크를 거쳐 오시로 내려와 파미르 하이웨이로 향하면 되기 때문이다. 알마티와 비슈케크의 거리는 약 236km로 미니버스나 택시로 3~4시간 정도밖에 걸리지 않는다.

아니면 카자흐스탄이나 우즈베키스탄에서 타지키스탄 비자만을 받아 두샨베에 들어와 두샨베에서 파미르 여행 허가서를 받아 여행하고 키르기스스탄으로 들어가는 경우도 있다.
하지만 지금처럼 키르기스스탄이 무비자가 아니었기 때문에 키르기스스탄 비자를 받는 것도 복잡했고, 쿨마 국경선을 넘어 신장의 타슈쿠르칸으로 가는 것은 국경선이 닫혀 있어 2013년 8월 현재까지도 불가능하다. 쿨마 국경선은 중국과 타지키스탄의 컨테이너 차들과 제3국의 화물차들이 이 길을 가고자 할 때 두 나라에서 허가한 차량들만 가능하다.

중앙아시아에서 우리에게 가장 익숙하고 비행기값이 저렴하다는 이유로 우즈베키스탄 타슈켄트에 첫 발을 디디면 여러 모로 불편하다. 타슈켄트에서 약 572km 떨어진 비슈케크까지는 육로로 곧바로 갈 수 없다. 그래서 우즈베키스탄 안디잔과 키르기스스탄 오시 사이의 도스틱 국경선을 거쳐 비슈케크로 가서는 타지키스탄 비자와 파미르 여행 허가서를 받은 다음 또다시 오시로 반복해서 내려와야 하는 번거로움이 따른다.

오시와 비슈케크까지 가는 길은 지그재그 돌고 돌아가는 환상적인 길이지만 자그마치 12시간여가 소요되는 약 672km의 길을 따라 왕복하려면 상당한 정신적 피곤함에 빠진다.

타슈켄트에서 비행기를 타고 비슈케크로 가는 방법도 있는데, 2012년 EBS 세계테마기행 '파미르를 걷다. 타지키스탄'을 촬영할 때는 이렇게 비슈케크로 들어갔다. 알아두어야 할 것은 비행기를 타는 이 방법도 알마티에서 비슈케크까지 육로로 내려오는 방법보다도 시간과 비용이 더 든다. 또한 타슈켄트와 비슈케크를 오가는 비행기가 매일 있는 것도 아니어서 추천하고 싶지 않지만 아무 생각 없이 여행하고 싶은 여행자가 있다면 해볼 만은 하다.

가끔 어떤 여행자는 오시에서 타지키스탄 비자와 파미르 여행 허가서를 받았다고 한다. 이것은 비슈케크와 오시를 왕복해야 하는 복잡한 시간 때문에 권하고 싶지 않은 방법이다. 이 경우는 몸은 오시에 있고 여행사나 게스트하우스 같은 대행사 또는 가까운 사람에게 여권을 맡기고 대리신청을 하는 경우인데, 만에 하나 잘못 되었을 경우에는 중앙아시아에서 미아가 될 수 있다.
대한민국 대사관이 없는 오시에서 아차하면 대단히 곤란한 상황에 빠질 수 있는데 안전하고 정확하게 하는 것이 최상의 방법이다. 아무나 받기 힘든 방법을 통해 받고 싶고, 나중에 나는 이렇게 타지키스탄 비자와 파미르 여행 허가서를 받았다고 하고 싶다면 굳이 말릴 필요는 없지만 아주 위험한 발상이다.

17시에 타지키스탄 대사관 문이 닫히고 경비원에게 인터폰으로 자리나를 부탁하자 들어오라고 했다.
"미스터 리! 여권 열네 개와 타지키스탄 비자, 파미르 여행 허가서입니다."
"고마워요, 자리나!"
"미스터 리! 다음에는 이렇게 무리하게 신청하시면 안 돼요!"

"물론이죠! 다시는 그럴 일 없을 겁니다."

"미스터 리! 내년에 와서 또 그러면 정말 안 돼요!"

"오케이! 땡~큐! 땡~큐!"

"이제부턴 '미스터 리'가 아니라 '파미르 리'라고 불러야 될 것 같은데요."

"자리나! 내년에 봐요!"

"파미르 리! 뭐라고요!"

"자리나! 바이! 바이!"

이렇게 2012년에도, 2013년에도 타지키스탄 비자와 파미르 여행 허가서를 자리나의 도움으로 어려움 없이 손에 쥐었다.

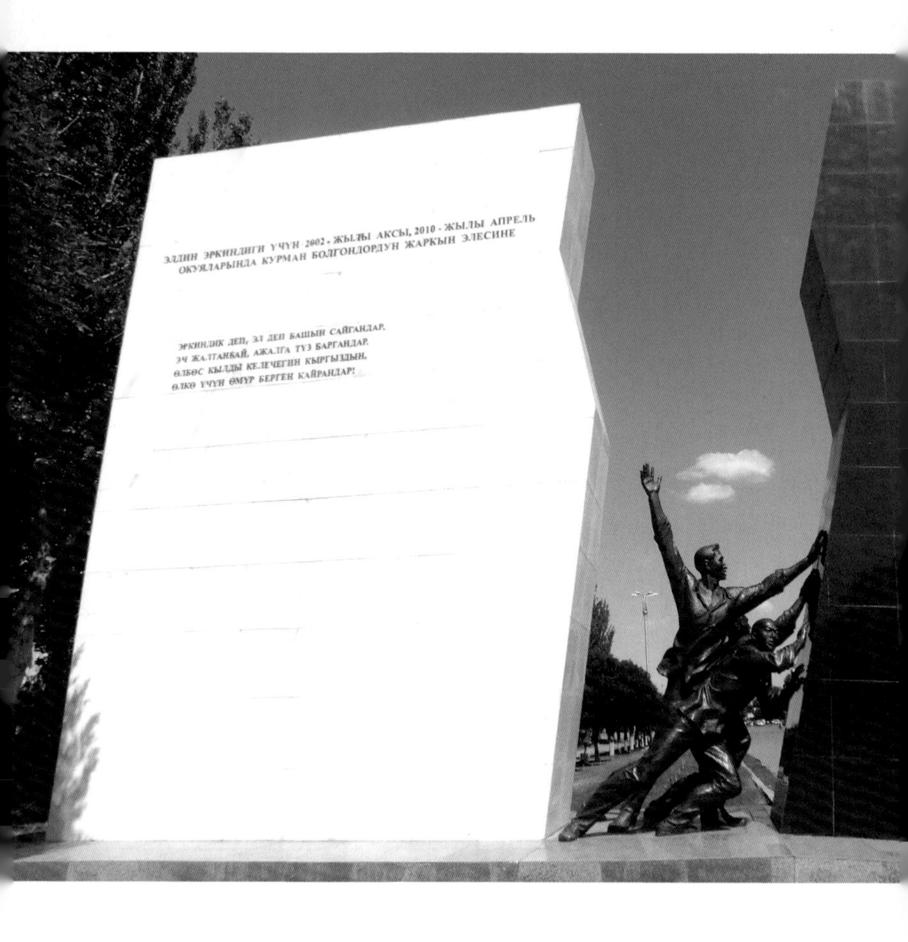

'국민의 자유를 위해 2002년 악스 사건,
2010년 4월 혁명에 인생을 바친
희생자들을 추모하며'
자유를 위해서라면
죽음에 맞서서 싸운 영웅들이여!
키르기스의 미래를 위해서
국가를 위해서 희생한 자들이여!

이번에 다시 파미르 하이웨이 여행을 떠나게 된 이유는 파미르 하이웨이에 관심 있는 열세 명의 한국 여행자들을 비슈케크에서 만나 함께 여행을 하기로 했기 때문인데, 내가 첫 번째 해야 할 일이 바로 타지키스탄 비자와 파미르 여행 허가서를 빠른 시일 내에 정확하게 받아 오시에서부터 타지키스탄 키질 아트 국경선을 넘어 두샨베까지 안전하게 여행을 하는 것이다.

그래서 지금 비슈케크의 밤하늘을 거닐고 있지만 내 발걸음은 무겁기만 하다. 왜냐하면 365일 아현동에서 순댓국 장사를 하는 아내와 매년 배낭여행을 하기로 한 시간과 겹쳤기 때문이다.

파미르 하이웨이 여행을 마친 후 내가 얻은 최고의 수확은 파미르 하이웨이 친구들을 또다시 만난 것만큼 윤여신 형과 이 길을 함께 한 것이다. 이에 대해 파미르 설산에 무한 감사를 드린다.

ОШ БАЗАРЫ

РОССИЯ
БОУЛИНГ ОЮН ЖАЙ
БОУЛИНГ GAME ZONE

옛 소련 당시 국민 배우로 발레와 오페라, 문화 예술 분야에 뛰어난 실력을 인정받아 인기가 많았고,
이 분야에서 최고의 존경을 받은 예술가로 키르기스 문화의 전당 책임자와
문화부장관까지 올랐던 촐폰벡 바리르 바예브.

06

옛 이름의 리바체 지금의 카라콜*Karakol*

비슈케크 버스터미널에서 카라콜까지 택시로 8시간
카라콜 마타누르 호텔에서 알띤알라산까지 지프차로 2시간

카라콜의 타가이 비 동상에는 역사의 사실을 이렇게 기록해 놓았다.
"XVI 세기 초 키르기스 씨족들을 단결시켜 한 민족, 국가를 만든
역사적인 인물로 1508년 당시 Barskoon 지역에서 왕위에 올랐다.
키르기스 민족의 독립을 위해 몽골의 침략에 지속적인 저항을 한 인물이며,
1532년 키르기스가 전쟁에서 패하면서 카슈가르 지역에서 포로로 잡혀 갔다.
키르기스 탄생 기념일을 맞이하여 OGUZ 지역의
국민들에 의해 만들어진 타가이 비 동상이다. 2003년"

카라콜 주숩 아브드라마노브 동상.
1920년대 옛 소련이 탄생할 당시
키르기스가 그 중 한 공화국으로
구성될 수 있도록 많은 이바지를 하고
서기장까지 올랐던
키르기스 공화국을 대표했던 인물이다.

카라콜 둥간 모스크로 둥간족은 19세기에 중국을 떠난 후이족으로 옛 소련 연방의 일부 지역인 러시아의 타타르 공화국, 카자흐스탄, 우즈베키스탄, 키르기스스탄과 캐나다의 일부에 살고 있는 중국인 무슬림이다.

"Kuzaifa는 말했다 : 모함메드는 어려운 일을 겪을 때마다 기도를 했는데 기도한다는 것은 God에게 기도를 바치고 비는 것이다. 이식쿨시 카라콜구 이브라힘의 이름을 가진 모스크로 '항상 좋은 일이 생기고 건강하라' 당부한다."

15793 S

1899 D

07

이식쿨 호수의 촐폰아타*Cholpon-Ata* 풍경화

카라콜에서 촐폰아타까지 택시로 3시간
촐폰아타에서 비슈케크까지 택시로 5시간

파미르 하이웨이
지옥의 길 천국의 길

도시라기보다는 작은 마을처럼 보이는 촐폰아타는 '금성의 고향'이라는 뜻으로 이식쿨 호수 북쪽에 있는 주변 도시 중 최고의 휴양지다. '중앙아시아의 진주'라는 별명답게 이식쿨 호수에는 한여름에 몰려든 피서객들로 장사진을 이룬다.

키르기스스탄어로 '뜨거운 호수'라는 뜻의 이식쿨 호수는 엄동설한에도 호안의 작은 면적을 제외하고는 얼지 않기 때문에 '열호'라는 이름이 붙여졌다. 그리고 톈산 산맥 북쪽에 있는 쿤게이알라타우와 남쪽에 있는 테르스케이알라타우 양 산맥에 끼어 있어 많은 하천이 유입되지만 신기하게도 호수에는 유출구가 없다.
남미의 티티카카 호수에 이어 세계에서 두 번째로 큰 산중 호수 이식쿨은 면적 6,200km², 평균수심 279m, 최심점 702m, 수면높이 1,609m에 달한다.

08

비슈케크에서 신성한 도시 오시*Osh*로

비슈케크에서 오시까지 지프차로 12~14시간

미니밴을 타고 비슈케크를 출발한 지 12시간 만에 오시에 도착했다. 낯선 곳에 그것도 한밤중에 도착하면 두려움이 몰려오기 마련이다. 배낭여행에 익숙한 나도 처음 여행하는 곳에서 해가 떨어지고 어둠이 몰려오는 시간에 도착하면 여러 모로 긴장하게 된다.

오시에서부터는 나를 포함한 열네 명의 여행자가 일곱 명씩 두 팀으로 나누어 파미르 하이웨이를 달리게 된다. 내가 있는 A팀은 전혀 문제될 것이 없지만 B팀은 지금부터 모든 것이 문제였다.

우선 B팀이 오시에서 잠을 잘 수 있는 호텔부터 구하기로 하고 오시 게스트하우스에 전화를 했다. 그런데 오시 게스트하우스에서는 예약을 받지 않아 일곱 명이 잘 수 있는 도미토리 방도 없단다. 하지만 이 늦은 시간에 다른 방법을 찾을 수가

없어 사정을 했다.

한국에서 온 여행자라고 정중하게 인사를 하고는 도미토리 방도, 좀 더 비싼 방도 괜찮으니 하루나 이틀 정도 잠만 잘 수 있는 방을 부탁한다고 몇 번이고 사정을 하니 그때서야 한 번 와 보란다.

조금 안심을 하고는 또 한 가지 부탁을 했다. 일곱 명의 한국 여행자는 이곳이 초행길이고 러시아 말이 전혀 통하지 않으니 오시에서부터 타지키스탄 무르갑으로 가는 지프차 한 대를 섭외해 주면 고맙겠다고 했다. 무척 귀찮아했지만 사정사정하는 것밖에 다른 방도가 없었다. 그리고 내가 B팀을 도와줄 수 있는 방법도 이것밖에 없었다.

1998년 내가 처음 파미르 하이웨이의 중앙아시아를 배낭여행할 때 먼저 경험했던 여행자가 한 말이 떠올랐다.

전 세계 여행자들이 잠을 자는 오시 게스트하우스 주인에게 지프차를 부탁해서 키질 아트 국경선을 넘어 타지키스탄 무르갑으로 들어가기만 하면 파미르 하이웨이를 달려 타지키스탄 두샨베까지는 가고 싶지 않아도 갈 수밖에 없기 때문에 어떻게든 출발을 시켜야 했다.
또 운이 좋으면 영어나 러시아어가 가능한 외국 여행자들을 만날 수도 있어 안심이 되기도 했다.

페르가나 분지의 비옥한 지대에 위치한 키르기스스탄의 두 번째 도시 오시에 도착해 가장 먼저 솔로몬 산에 올랐다. 중앙아시아 실크로드의 주요 경로가 교차하는 지점으로 1500년 동안 성스러운 산으로 불리는 솔로몬 산은 오시 시의 뒤쪽, 페르가나 계곡 위에 우뚝 서 있다.

다섯 개의 봉우리가 있는 경사면에는 수많은 고대 예배소, 암각화가 그려진 동굴이 있고 16세기에 재건된 모스크도 2개 있다. 지금까지 세계문화유산에 등재된 암각화가 있는 곳도 101개에 달하는데 암각화에는 기하학적 문양뿐만 아니라 사람, 동물이 표현되어 있다.

유적지 중 일부는 예배소로 사용되며 불임, 두통, 요통 등의 치유를 빌고 장수를 기원하는 장소로 쓰인다. 이러한 산악 숭배는 이슬람 이전의 신앙과 이슬람 신앙이 합쳐진 것으로 중앙아시아에서 볼 수 있는 산악 숭배의 가장 완전한 형태로 수천 년 동안 지속되어 왔다.

오시는 중앙아시아에서 가장 오래된 정착지 중 한 곳으로 8세기부터 실크로드를 따라서 비단 생산의 중심지였다. 그리고 중세시대에는 인도와 중국에서 유럽까지를 잇는 무역 길의 교차점이었다. 그 이후 러시아 제국이 중앙아시아로 진출하면서 1876년 러시아 제국에 합병되었다.

여러 민족이 뒤섞여 사는 지역 특성상 민족 대립이 잦고, 결국 1990년 우즈베크인과 키르기스인 사이에 대규모 유혈 충돌이 일어나 많은 사람이 사망하였다. 당시 사망자 수는 수백 명에서 1천여 명에 이르는 것으로 알려져 있다.

옛 소련 붕괴를 앞두고 일어난 이 내전으로 우즈베크와 키르기스는 큰 타격을 입었다. 독립 후에는 양 국가 간에 큰 충돌은 없었으나 2010년 6월 10일, 다시 우즈베크인과 키르기스인 사이에 대립이 발생하여 수백 명이 사망하고 많은 난민이 생겼다.

키르기스스탄 보건부에 의하면 민족 분규로 최소 37명이 사망하고 500여 명이 다쳤다고 한다. 하지만 그보다 훨씬 더 많은 사상자가 있었다고 한다.

타지키스탄 키질 아트 국경선까지 타고 갈 지프차 한 대를 섭외했는데 오시에서 키르기스스탄 국경선까지는 8,000솜이고 타지키스탄 카라쿨까지는 18,000솜을 달라고 한다. 1달러에 48솜으로 환산하면 키르기스스탄 국경선까지는 163.27달러, 타지키스탄 카라쿨까지는

375달러다. 이 가격은 언제나 유동적이어서 지프차의 성능과 여행자의 상황에 따라 달라진다.
가끔 어떤 사람들은 아름다운 그곳을 여행한 시간보다 이동하면서 값싸게 탄 지프차 비용에 무게를 두는 경우도 있는데, 파미르 하이웨이뿐만 아니라 그 밖의 길에서 지프차와 택시비는 그리 중요하지 않다.

오시에서 신장의 카스로 가는 버스도 있는데 일주일에 수요일과 일요일 두 번 있고, 시간은 저녁 20~21시 사이 버스에 사람들이 다 차면 출발한다. 비용은 85달러, 24시간 걸린다.
사리타쉬를 거쳐 타지키스탄으로 가지 않고 신장의 카스로 가려는 여행자들은 기억해 둘 만하다.

CAMCA

19세기 러시아 탐험가들은
세상과 동떨어져 고립되어 있는 파미르를
달보다 더 멀리 있는 것이라 했다.
이곳 사람들은 파미르라는 거대한 자연에 순응하며
살아가고 있다.

09

키르기스스탄 오시에서 타지키스탄 카라쿨*Karakul*로 이제 파미르 하이웨이가 시작된다

오시에서 사리타쉬까지 지프차로 4~5시간
사리타쉬에서 키르기스스탄 국경선까지 지프차로 1시간
키르기스스탄 국경선에서 타지키스탄 키질 아트 국경선까지 지프차로 1시간
키질 아트 국경선에서 카라쿨까지 지프차로 1시간

오시에서 호로그를 지나 두샨베를 연결하는 비포장 도로는 세계에서 가장 높은 도로 중 하나로, 이제부터 본격적으로 파미르 하이웨이로 향한다. 타지키스탄 동부 파미르 고원의 목초지에서 마르코폴로산양과 야크와 앙고라, 염소 떼를 방목하는 모습을 보면서 달리게 된다.

오시를 출발해서 키르기스스탄 마지막 도시 사리타쉬까지는 약 184km로 4시간 30분 정도 걸린다. 이번 파미르 하이웨이 여행길에는 그냥 지나쳤지만 2012년 EBS 세계테마기행 촬영팀은 사리타쉬에서 하나밖에 없는 레다 게스트하우스에서 하룻밤을 묵었다.

아주 오랜 옛날 스님과 장군이 지났던 사리타쉬는 제법 클 것이라는 생각이 들지만 막상 가 보면 손바닥만한 동네다. 과거 실크로드의 갈림길이었나 하는 허탈한 생각이 들 정도다. 촌스럽고 구닥다리 냄새가 나는 사리타쉬의 주유소에서 멋진 오토바이 여행자를 만났다.

사리타쉬에 하나밖에 없는 주유소에서 기름을 넣은 최첨단 장비를 장착한 독일 바이크족이다. 이들도 우리와 같이 파미르 하이웨이를

파미르 하이웨이
지옥의 길 천국의 길

달리게 된다. 이 주유소에서 오른쪽 길로 가면 키질 아트 국경선을 넘어 타지키스탄의 카라쿨로, 왼쪽 길로 가면 이르케시탐 국경선을 넘어 신장의 카스로 갈 수 있다.

사리타쉬에서 1시간 정도 달려가면 키르기스스탄 국경선이 나타나는데, 뜻밖에도 이 국경선을 지키던 군인 중 한 명이 대한민국을 두 번이나 다녀온 한류팬이라 쉽게 통과되었다.

우리는 울퉁불퉁한 길을 따라 타지키스탄 키질 아트 국경선으로 향했다. 키르기스스탄 국경선을 넘어 타지키스탄 키질 아트 국경선까

지는 약 30km로 울퉁불퉁한 비포장도로를 1시간 정도 더 달려가야 한다. 눈이 1~2m씩 쌓여 있는 겨울에서 봄까지는 어떤 차량도 통과할 수 없어 눈이 녹을 때까지 하염없이 기다리거나 아니면 자그마치 1,500km를 돌고 돌아서 다시 이 국경선을 만날 수 있다.

2012년 EBS 세계테마기행 촬영팀은 눈의 장벽에 가로막혀 넉넉잡아 1시간이면 도착하는 이 국경선을 일주일 내내 호잔에서 두샨베로 판 마운틴을 넘었다. 그리고 다시 두샨베에서 파미르 하이웨이를 쉼없이 달려 1,500km를 돌고 돌아 이 국경선으로 향했다.

키질 아트 국경선을 지키던 타지키스탄 군인들에게 여권을 내밀자 눈썹이 짙은 파미르의 사나이들이 우리를 반기며 서류를 작성하란다. 그리고 먹을 물이 떨어져서 물을 길어 올 테니 서류를 쓰는 동안

지프차를 빌려 달라고 했다. 순박한 파미르 남자들이다.
작성한 서류를 건네면서 혹시 우리 말고 일곱 명의 다른 대한민국 사람이 이 국경선을 통과했느냐고 물으니 우리가 처음이라고 한다. 그럴 리는 없겠지만 B팀이 은근히 걱정되었다. 마음속으로는 걱정하지 않아도 된다고 하면서도 사실 그렇지가 않다.

타지키스탄 키질 아트 국경선을 통과해 카라쿨로 가는 길에 끝없이 이어진 타지키스탄과 중국 국경선이 보인다. 2011년 1월 타지키스탄은 중국과 국경 확정협약을 비준해 서울의 2배 면적인 타지키스탄 동부 파미르 고원지역 중 일부인 1,100km²를 중국에 넘겼다. 지난 130년간 이어져 온 양국 간 영토분쟁이 마무리되었지만 타지키스탄 내부 반발이 완전히 수그러들지 않아 갈등의 불씨는 남아 있다.

2002년 5월 파미르 고원지역에 인접한 영토 28,000km²를 둘러싸고 타지키스탄과 중국이 분쟁을 벌였는데, 타지키스탄은 이 가운데 1,100km²를 중국에 넘겨 주는 데 동의했다. 이후 타지키스탄과 중국은 2006~2008년에 걸쳐 공동으로 경계비 101개를 세우는 등 국경표시 작업을 벌여왔고, 2010년 4월 에모말리 라흐몬 타지키스탄 대통령이 중국을 공식 방문해 협약을 체결했다. 그리고 2011년 1월 하원 비준을 받아 정식으로 효력을 얻게 되었다.

중국에 넘어간 파미르 고원지역 타지키스탄 땅엔 거주 인구가 매우 적은 것으로 알려져 있다. 중국은 그동안 타지키스탄에 사회간접자본시설 건설용 차관을 제공하고 수억 달러에 달하는 투자에 나서는 등 영토분쟁을 마무리 짓기 위해 자금을 투입해 왔다.

타지키스탄 외교부장관은 "중국이 당초 요구한 땅은 국토의 20%에 해당하는 28,000km^2였지만 협상을 통해 1%도 안 되는 1,100km^2로 줄인 건 외교의 승리이며 양국이 오랜 분쟁을 끝내게 됐다"고 말했다. 타지키스탄은 제정러시아에 속했을 때인 19세기부터 중국과 영토분쟁을 벌여왔는데 이번 협약 비준으로 1991년 옛 소련에서 독립한 중앙아시아 국가들 가운데 처음으로 영토분쟁이 해결됐다.

키질 아트 국경선에서 카라쿨로 향하는 끝없는 파미르 하이웨이를 달리면서 오토바이로, 자전거로 세계의 지붕 파미르 고원을 횡단하는 용감한 여행자들을 만날 수 있다.
키질 아트 국경선에서 가장 가까운 카라쿨까지는 약 60~70km로 40~50분 정도 달리면 웅장한 카라쿨 호수가 제일 먼저 손을 내민다. 이어서 마을 하나가 나타나는데 오늘 하룻밤 자고 갈 카라쿨이다.

첩첩산중 마을 카라쿨에는 친구 에르킨과 딜다한이 있다. 9년 만에 불쑥 나타나자 벽돌을 쌓고 있던 에르킨이 달려와 덥석 나의 손을 잡고 등을 두드린다. 믿기지 않는 모양이다.

2012년 EBS 세계테마기행을 촬영할 때는 눈도 많이 쌓이고 촬영 시간이 길어져 에르킨과 딜다한을 코앞에 두고 떨어지지 않는 발걸음을 돌려야 했는데, 1년 만에 다시 찾은 것이다.

전화도 휴대폰이나 인터넷도 연결되어 있지 않아 연락을 하려면 오로지 사람을 통해서 알려야 하는, 우리가 사는 세상과는 멀리 떨어진 곳에 살고 있는 에르킨과 딜다한이다.

세계의 지붕 파미르 하이웨이의 첫 마을 카라쿨에서 이렇게 에르킨과 딜다한을 만났다. 이곳을 여행하는 이는 극소수이고, 그것도 진정 용기 있는 여행자만이

파미르 하이웨이
지옥의 길 천국의 길

찾는 카라쿨에서 반짝반짝 빛나는 별을 보며 이 친구들과 차 한잔을 나누었다.

1998년부터 2005년까지 중앙아시아와 파미르 하이웨이를 여행하고 『중앙아시아 마지막 남은 옴파로스』라는 책을 펴냈는데, 그 책에 2005년 에르킨과 딜다한 그리고 그들의 가족과 만난 얘기가 들어 있다. 언젠가 에르킨과 딜다한을 만나면 전해 주어야지 하고 빛바랜 사진들과 함께 9년 동안 고이고이 간직해 왔는데 이제야 그 선물을 전해 줄 수 있어 무척 기뻤다.

파미르 하이웨이를 여행하면서 만났던 사람들과의 추억과 사진들을 첩첩산중인 세계의 지붕 파미르 하이웨이 카라쿨에서, 그것도 9년 만에 전해 줄 수 있어 정말 행복했다.

에르킨과 딜다한의 집에서 한 발자국만 움직이면 눈앞에 펼쳐지는 웅장한 카라쿨 호수를 만나게 된다. 카라쿨 호수는 3,000m 높이의 초원 위에 펼쳐져 있으며 해발 5,000m가 넘는 10여 갈래의 복잡한 산맥들로 심한 대륙성 기후를 나타낸다.
높이 7,000m가 넘는 바위투성이의 높은 산봉우리가 있어 계절에 따라 기온 차가 극심하고 170개의 강, 400개 이상의 호수, 1,085개의 빙하가 있으며 극지방 외의 지역에서 발견된 빙하 중에서는 가장 긴 계곡 빙하도 있다.
타지키스탄 파미르 고원은 유라시아 대륙에서 가장 높은 산맥이 서로 만나는 접점, 파미르 끝자락의 중심에 해당하는 타지키스탄 동쪽 절반을 차지한다. 고르노바다흐샨 주에 속하는 서부 파미르에는 자알라이 산맥이 있는데 이곳에는 7,134m의 레닌봉이 있으며 교차점에 7,495m의 코무니스트 봉도 있다.

지질학자 무르자에프는 파미르 가운데에 있는 중부 파미르를 좁은 뜻의 파미르라고 부른다. 남서쪽은 아프가니스탄과 국경선을 접하고 있고, 동부 파미르는 중국 영토를 가리키는 신장웨이우얼자치구 카슈가르 파미르로 최고봉은 7,719m의 쿵구르 봉으로 타시쿠르간으로 이어진다.

파미르 고원은 세계에서도 손꼽히는 지진대로 강진이 빈번하게 일어나는 험난한 지형이다. 소수 유목민인 키르기스인은 마르코폴로 산양과 야크와 앙고라, 염소 등을 키우면서 5,000~6000m 높이의 고산지대 초원을 오르내리며 살아가고 있다.

파미르는 옛 페르시아어로 '미트라, 태양신의 자리' 를 뜻하는 'Pa-imihr' 가 어원이다.

10

새파란 호수 카라쿨에서 하늘과 땅이 맞닿은 무르갑*Murgab*으로

카라쿨에서 무르갑까지 지프차로 2~4시간

또 언제 다시 만날지 기약할 수 없는 카라쿨의 에르킨, 딜다한과 뜨거운 포옹을 하고 무르갑으로 향했다. 도로가 없는 나라 산악 마을인 타지키스탄은 외부 세계와 거의 단절되어 있어 지금도 그 옛날과 큰 변화가 없어 보였다.
전 세계 오지를 여행하는 여행자들도 평생 한 번 찾을까 말까 하는 오지 중의 오지인 파미르 하이웨이의 첫 마을이자 끝 마을인 카라쿨에 나는 어쩌다 발을 디뎌 헤어 나오지 못하는 걸까!
카라쿨에 뼈를 묻을 파미르의 남자 에르킨과 서울 아현동 재래시장에서 순댓국 장사를 하는 남자가 다시 한 번 뜨거운 포옹을 했다. 흥분을 감추지 못하고 서로의 두근거리는 심장을 느꼈다. 그 용광로 같은 심장을 억누르며 카라쿨을 떠났다. 언젠가는 또 만나게 되겠지.

타지키스탄 키질 아트 국경선을 넘어 카라쿨에서 무르갑으로 갈 때 파미르 하이웨이에서 1차 검문을 받는데, 두샨베까지 가는 동안 몇

차례의 검문검색이 더 기다리고 있다.

나는 키질 아트 국경선에서 걱정했던 B팀의 흔적을 발견하고 안도의 숨을 쉬었다. 검문소를 지키는 군인한테 물어보니 어제 늦은 오후에 또 다른 한국인 일곱 명이 이 검문소를 지나갔다는 것이다. 이제부터는 원하든 원치 않든, 아니면 누군가의 도움을 받든 두샨베까지는 갈 수 있게 되었다.

원래 계획했던 대로 비슈케크에서 타지키스탄 비자와 파미르 여행 허가서를 받아 오시를 거쳐 키질 아트 국경선을 함께 넘으려 했던 것이 오시 게스트하우스에서 이루어진 것 같아 마음이 무척 가벼웠다.

파미르 하이웨이를 달리며 무엇을 얻을지는 각자의 몫이다. 나 또한 이 길을 여러 번 걸었지만 모두 능동적인 여행이 되었으면 하는 것이 나의 바람이다. 부족한 것이 없는 여행자들인 만큼 충분히 많은 것들을 경험하고 갈 것이다.

파미르 하이웨이

지옥의 길 천국의 길

카라쿨에서 약 135km 떨어진 무르갑에 도착해 호텔로 향하기 전에 오비르 등록을 하러 관할 경찰서를 찾아갔다.
그런데 담당자 말이, 이제는 여행자에게 30일간 오비르 등록이 필요 없단다. 와우! 정말 세상 빠르게 변하고 있다.
몇 년 전만 해도 KGB 사무실에서 오비르 등록을 하는 건지 간첩 조사를 받는 건지 구분이 안 갈 만큼 살벌해서 파미르에 올 때마다 나를 괴롭혔고, 2012년 EBS 세계테마기행을 촬영할 때도 오비르 등록을 했는데 이제는 필요없게 되었다.

그것뿐만 아니다. 무르갑에 호텔이 없어서 2012년에는 개인이 운영하는 게스트하우스에서 머물렀는데, 그때 짓다 만 흉물스럽게 보이던 건물이 1년 만에 파미르 호텔로 새롭게 등장했다. 3,650m의 고산 마을에 이제 호텔이 들어섰다. 2012년과 2013년 사이에 무르갑의 파미르 현지인이 운영하던 게스트하우스는 모두 사라지고 파미르 호텔 하나로 대체되었다.

앞으로 파미르 하이웨이 여행자들의 편안한 쉼터가 될 것이다. 1인당 20달러로 호텔 시설에 비해 싼 편은 아니지만, 전 세계 배낭여행자들에겐 전혀 부족함이 없다.

파미르 하이웨이는 대부분 타지키스탄 동부에 있지만 인종은 키르기스스탄 사람들이 대부분이며 언어도 키르기스스탄어를 사용한다. 키르기스 유목민한테 게르와 유르트의 차이점을 물으니 게르는 몽골 또는 유목민들이 사용하는 천막이고, 유르트는 옛 소련 시절 부르던 호칭으로 키르기스 유목민이 사용하는 천막은 그냥 '키르기스' 또는 '키르기스 게르' 라고 한단다.

무르갑 지역에는 약 16,900명, 무르갑에는 약 6,365명의 인구 중에 타지크인은 약 2,000명, 키르기스인은 약 15,000명이 살고 있다. 2012년 EBS 세계테마기행을 촬영하면서 무르갑 신문사 편집장의 집에서 인터뷰를 했다. 그때 그의 아내와 아들이 우리에게 마르코폴로양고기 요리를 대접해 주었는데, 아들 사이드가 내가 무르갑에 온 것을 어떻게 알았는지 호텔로 찾아왔다.

이렇게 무르갑에서 사이드와 새로운 인연이 이어졌다. 무르갑을 떠나 며칠 후에 호로그에서 알고 보니 무르갑에서 알리쳐와 젤란디를 거쳐 호로그에 도착하는 나의 여정을 사이드가 옆에서 지켜보고 있었다.

내가 파미르 하이웨이를 함께 걷는 이들을 걱정하는 것처럼, 험난한 파미르 하이웨이를 가면서 혹시 무슨 일이라도 일어나면 어떻게 하나 걱정하면서 호로그에서 두샨베로 떠나는 날까지 사이드가 보이지 않게 나의 보디가드가 되어 주었다. 파미르와 나와의 인연이 앞으로 어떻게 이어질지 사뭇 궁금하다.

11

마르코폴로산양의 무르갑을 떠나 GABO의 수도 호로그Khorog로

무르갑에서 알리쳐까지 지프차로 2~3시간
알리쳐에서 젤란디까지 지프차로 2~3시간
젤란디에서 호로그까지 지프차로 2~3시간
호로그에서 이시카심까지 지프차로 4~5시간

파미르 호텔 여직원들의 배웅을 받으며 무르갑을 출발했다. 무르갑에서 호로그까지는 311km, 두샨베까지는 930km라는 안내판이 제일 먼저 눈에 들어왔다.

무르갑에서 오시까지는 417km, 신장 국경선으로 빠지는 쿨차까지는 337km, 사리타쉬까지는 233km 떨어졌다는 안내 표지판으로 오시에서 사리타쉬까지는 184km다.

무르갑에서 호로그까지는 자가용으로 1인 120서머니로 24.74달러, 지프차는 1인 150서머니로 30.93달러다. 하지만 요금은 매년 변한다.

저 앞에 드디어 알리쳐가 보이기 시작했다. 무르갑으로 가면서 중간에 알리쳐에 들러 1년 만에 알리와 재회했는데, 알리의 할아버지가 돌아가셨다고 한다.

알리는 2012년 EBS 세계테마기행을 촬영하면서 지프차가 고장나 오도 가도 못하는 상황에 빠졌을 때, 처음 본 우리에게 선뜻 자기네 집에서 잠도 자고 파미르의 전통음식과 함께 보드카를 마시고 있으면 자동차 정비사를 불러 줄 테니 아무 걱정 말라고 했던 고마운 친구다.

알리쳐와 젤란디를 지나 수친 검문소에서 3차 검문을 거친 다음 30여 분 후에 호로그에 도착했다.

호로그는 남동부에 있는 자치주 고르노바다흐샨 주의 주도로 파미르 하이웨이 한가운데에 있다. 2,070m의 산자락에 위치한 호로그는 타지키스탄 동부 내륙 파미르 하이웨이에서 가장 큰 도시로 높이 6,000m의 산지와 2,000m 내외의 곡저분지로 구성된 기복이 심한 지형을 이루고 있다. 한때 타지키스탄과 아프가니스탄의 내전 때는 반군의 거점이기도 했다 .

마르코폴로산양의 야생 뿔과 순한 눈 같은 호로그에 도착해 '알리'를 불렀다.
"알리, 알리, 알리!"

파미르 하이웨이
지옥의 길 천국의 길

알리쳐에서도 '알리', 호로그에서도 '알리'다.

파미르 하이웨이에서 뿐만 아니라 타지키스탄에서 가장 평화롭고 여유로운 곳 호로그에서는 카라쿨의 에르킨과 딜다한처럼 알리네 게스트하우스에서 나흘을 머물렀다. 친구 알리는 찰리 채플린을 닮았다. 무성영화의 채플린처럼 환하게 웃곤 했다.

이틀째는 브랑을 가기로 했다가 시간이 맞지 않아 바시드의 바르탕 계곡을 다녀왔다. 호로그의 또 다른 친구 오킴과 함께. 아침 6시 호로그를 출발해 루샨까지 약 65km, 다시 루샨에서 바시드까지는 약 98km다.

바시드의 바르탕 계곡으로 1시간 반쯤 달렸는데, 파미르 고원의 눈이 녹아 바르탕 강이 범람하는 바람에 오가던 차량들이 꼼짝도 못하고, 어떤 차량은 산사태로 부서지기도 했다.

호로그에서 루샨으로 가는 중간에 젤라디까지는 133km

무르갑까지는 321km, 쿨마까지는 411km

오시까지는 740km, 루샨까지는 64km

반쥐까지는 166km, 다르바즈까지는 239km

쿨얍까지는 404km, 두샨베까지는 608km

파미르 하이웨이
지옥의 길 천국의 길

우리 차량도 엔진이 꺼져 호로그로 되돌아올 수밖에 없었다. 고립된 현지인 8명을 태워 호로그로 돌아와 오킴의 집으로 갔다. 수친의 판지 강가 언덕 위에 있는 오킴의 집에는 연로한 어머니와 손자까지 3대가 함께 살고 있다. 아버지는 신장 사람이고 어머니는 파미르 사람으로 가족 모두 넉넉한 파미르의 마음을 간직하고 있다.
서울에서 준비해 온 따뜻한 옷을 오킴의 어머니에게 드리고, 손자 손녀들한테도 필기도구와 노트를 선물했다.

EBS 세계테마기행을 촬영하면서 오킴과 8년 만에 재회했었는데 또 다시 1년 만에 만난 것이다. 키르기스스탄 비슈케크에 있는 타지키스탄 대사관의 자리나가 말한 것처럼 '미스터 리' 가 아니고 '파미르 리' 인 나는 어쩌다가 이 깊고 깊은 파미르 하이웨이의 작은 동네 수친에서 다시 이들을 만나게 된 것일까!

사흘째 되는 날 호로그 이시카심 터미널에서 서너 시간 걸리는 타지키스탄과 아프가니스탄 국경선인 이시카심에서 열리는 재래시장에 다녀오기로 했다.

태워다 주겠다는 오킴에게 내가 웃으면서 말했다.
"두르크 두르크, 쟁기 쟁기(친구는 친구고, 돈은 돈이다)."
이시카심까지는 1인당 40서머니, 여기서는 적지 않은 8.25달러인데 오킴은 친구니까 돈을 받을 수 없다는 것이다.

타지키스탄과 아프가니스탄 국경선에서 발생한 내전은 1991년에 회교 반군세력이 전-현대통령의 공산체제 복귀 및 회교세력 탄압에 반발, 아프가니스탄을 거점으로 무장투쟁을 시작했다.
두산베 근교 난민 캠프에서 무장세력의 습격으로 난민 800명을 살상하면서 본격적으로 발생한 타지키스탄 내전은 지역적 연고와 정치 · 종교적인 배경을 달리하는 정치세력 간에 빚어진 것으로 1992년 5월에 시작하여 12월까지 타지키스탄의 남부지역을 중심으로 계속되었다.
권력투쟁과 지역갈등으로 시작된 타지키스탄 내전은 남부지방에서 시작하여 결국에는 아프가니스탄 국경지역으로 발전하면서 국제적인 분쟁으로까지 발전하였다.

파미르 고원을 여행할 때마다 차분함과 고요함 속에서 잔잔한 파도가 이는 것을 느꼈었다. 2012년 EBS 세계테마기행 촬영을 마치고 돌아온 그 해 여름 호로그에서 테러가 발생해 상당수의 사망자가 발생했다는 소식을 들었다. 2013년 8월 다시 찾은 파미르 호로그는 평온해 보이지만 아직도 보이지 않는 전쟁이 끝나지 않은 듯했다.

그리고 다시 2014년 5월 아프가니스탄 고르노바다흐샨 주에서 산사태가 발생했다는 뉴스를 들었다. 발견된 시신만 350여 구이고 사망자가 2,500여 명이 넘을 것이라는 슬픈 소식이었다. 비록 타지키스탄의 고르노바다흐샨 주는 아니지만 두 나라가 접해 있는 국경선에서 엄청난 재앙이 발생한 것이다.

호로그의 파미르 본타니컬 공원을 다녀왔다. 타지키스탄 과학원 산하 파미르 바이오연구소의 창시자인 Yusufbekov K.Y에 의해 설계된 본타니컬 공원은 도로, 수도(관개시설), 연구, 주거단지 등도 모두 그의 계획 아래 조성되었다. 그 이후 파미르 식물공원의 관개지역 면적은 5배 증가, 식물 종류도 2,300여 종, 624ha의 경작 가능지역은 국립공원 부지로 보존되어 있다고 하지만 막상 가 보면 관리를 하지 않아 실망스럽다.

파미르 하이웨이를 여행하면서 일부 여행자들이 간혹 이상하게 생각하는 부분이 있다.
타지키스탄 비자를 받고 파미르 하이웨이 허가서를 받아 여행을 하면서 또다시 어느 곳에서 어떤 허가서를 받아 그곳을 돌아봤다고 하는데, 특별한 것이 아니다. 외국인 여행자의 출입이 금지되어 있는 곳은 웬만하면 허가 또는 허가서를 받아 들어갈 수 있다.
타지키스탄의 파미르 하이웨이뿐만 아니라 옛 소련의 각 공화국에서는 허가서를 종이 위에 연필로 표시하는 습관이 아직까지도 남아 있어 입장할 때 무게의 느낌이 다르다.

타지키스탄은 내륙 산악지대로 바다와 멀리 떨어져 건조한 대륙성 기후다. 강수량은 연간 200~250mm 내외에 불과하지만 아름다운 세계의 지붕 파미르는 영원한 눈과 얼음, 하천으로 가득하다.

타지키스탄을 관통하는 세 곳의 강에서 뽑아내는 수력(수자원)은 매장(발전)량 면에서 옛 소련에서 두 번째로 큰 것으로 중앙아시아 모든 수자원의 50% 이상을 차지할 만큼 반세기 전까지만 해도 미네랄이 세상 사람들에게 알려지지 않았지만, 타지키스탄은 50여 종류의 미네랄을 가질 만큼 풍부하다.

호로그에서 젤란디까지는 123km

무르갑까지는 311km

쿨마까지는 401.6km

오시까지는 728km

호로그에서 루산까지는 71km

반치까지는 147km

다르보즈까지는 228km

쿨얍까지는 417km

12

파미르 친구들을 남겨두고 호로그에서 수도 두샨베*Dushanbe*로

호로그에서 칼라이쿰까지 지프차로 6~8시간
칼라이쿰에서 쿨얍까지 지프차로 4~6시간
쿨얍에서 두샨베까지 지프차로 5~7시간
두샨베에서 이스칸더 쿨 호수까지 지프차로 4~6시간
두샨베에서 히사르까지 택시로 30분

생일날 호로그에서 두샨베로 출발하게 되었다.
작년에 아내와 시베리아 횡단열차 배낭여행을 할 때도 생일을 기차 안에서 보냈는데, 이번 생일도 타지키스탄 파미르 하이웨이에서 보냈다.

호로그 버스터미널에서 두샨베까지 지프차로 1인 300서머니 61.86달러로 많은 지프차들이 승객을 기다리고 있다. 지프차로 두샨베에 가겠다는 나를 만류하며 오킴이 스타렉스를 몰고 왔다. 아침 6시 30분 호로그를 출발해 17시간 만인 23시 30분 수도 두샨베에 도착해 제일 싼 방이 41달러인 포이타트 호텔로 향했다.
두샨베에 올 때마다 아파트를 빌리지 않을 경우에는 대부분 이 호텔에 묵곤 했다. 자정이 넘은 시간 샤워를 하고 나서 호텔 근처 슈퍼마켓에서 사온 미지근한 맥주로 생일을 자축했다. 그리 나쁘지 않았다.

2012년 EBS 세계테마기행 촬영 때는 호로그에서 아침 8시에 출발했지만 도중에 파미르 고원의 눈이 녹아 범람하는 바람에 다음 날 오후 16시에 두샨베에 도착했다. 밤새 차 안에서 오들오들 떨면서 허리가 지끈지끈하도록 쪼그리고 앉아 자그마치 32시간 만에 두샨베에 왔다.
호로그에서 두샨베까지 32시간이나 걸려서 왔다는 여행자의 소식을 들은 적이 없으니 신기록을 하나 세운 셈이다.

МЕҲМОНСАРОИ
HOTEL
ГОСТЕВОЙ ДОМ
ПОЙТАХТ

파미르 하이웨이
지옥의 길 천국의 길

두샨베로 오는 중에 칼라이쿰의 경계선에서 3차 검문을 받게 된다. 여기서는 반드시 관할 경찰서에 파미르 여행 신고를 해야 한다.
이 길목을 처음 지나는 여행자가 지프차에 타고 있으면 운전자가 경찰서 앞에 세워 준다. 그러면 군인이나 경찰이 나와 자의반 타의반으로 파미르 신고를 하게 된다. 만에 하나 칼라이쿰 경찰서에 파미르 여행 신고를 하지 않으면 파미르 하이웨이를 오갈 때 문제가 심각해진다. 다른 지역보다 칼라이쿰에서의 신고는 상당히 예민하게 받아들인다.

그리고 쿨얍 전에 4차 검문이 있고 바로 군인 검문소에서 5차 검문을 받는다. 마지막 두샨베 가기 전에 파미르 하이웨이로 가는 6차 검문을 받는다.
두샨베에서 카라쿨로 아니면 반대로 카라쿨에서 두샨베로 파미르 하이웨이를 가로지를 때 여섯 번의 검문검색이 이루어진다.

판지 강 너머 아프가니스탄 아낙네들이 땔감을 이고 가고 그 앞에 당나귀를 몰고 가던 두 남자가 나를 바라보았다. 이들과 같은 파미르 산악 민족은 고원지역에 거주하는 소수 민족을 지칭한다.
언어는 이란어와 파미르어, 인도유럽어인 파쉬투어 등 여러 언어를 사용하며 각 민족의 언어에는 크나큰 차이가 있다. 인류학상으로는 유럽인종, 조상은 BC 6~4세기에 이 지역을 점유한 사카족으로 알려져 있고, 이슬람교 시아파의 일파인 이스마일교가 신앙의 대상으로 널리 보급되어 있다.
19세기 후반에는 이 지역을 둘러싸고 아프가니스탄과 러시아 사이에 전쟁이 일어났으나 1895년 러시아와 영국 협정으로 양국의 국경이 확정되었다. 그 결과 이 지역의 민족 사이에는 민족 분열의 쓰라린 체험을 가진 종족이 많다.
오늘날 파미르 산악 민족의 대부분은 중앙아시아의 타지키스탄공화국에 4만여 명, 그 밖에 아프가니스탄과 중국 신장웨이우얼자치구에 소수가 거주하고 있다. 루샨, 야즈그렘, 바한, 이시카심족 등과 고르노바다흐샨 주를 형성하고 있는 이들 민족을 합쳐서 파미르

타지크족이라고 한다.
이들은 판지 강 및 그 지류의 골짜기에 정착하여 취락을 형성하였으며 산간의 빈약한 토지에 물을 대고, 산중턱에는 흙을 쌓아 땅을 돋운 다음 돌벽을 만들어 테라스식 농사를 지었다.
원예가 주요 생업이며 염소, 양, 야크를 키우고 귀리, 밀, 콩류와 특히 뽕나무 열매가 중요한 식량원이다. 그리고 직물, 목각, 토기 등의 수공업이 발달해 대장장이, 녹로세공인 등이 많았다. 오늘날에는 인접한 타지크족으로부터 많은 영향을 받고 있다.

두샨베에 도착하기 전 쿨얍을 지나게 된다. 1세기부터 존재한 옛 도시 쿨얍은 1917년까지는 부하라한국의 통치하에 있던 타지키스탄 남부의 농산물 가공 중심지로 눈부시게 푸르른 들녘이 인상적이다.

호로그나 호잔에서 오는 차량들은 흙과 먼지가 묻은 채로 두샨베 시내로 들어갈 수 없다. 시내로 들어오기 전에 세차장에서 차를 깨끗이 닦고 들어와야 한다. 세차를 한 차들은 승객들을 원하는 곳까지 태워다 주지만 세차를 하지 않은 차들은 운전자가 터미널이나 외곽에 세워 주면 택시로 갈아타고 원하는 곳으로 가야 한다.

호로그 또는 호잔에서 아무리 이른 새벽에 출발해 중간에 쉬지 않고 직접 두샨베로 가더라도 거리가 멀기 때문에 깜깜한 밤에 도착하게 된다. 그래서 대부분의 여행자들은 당황하게 된다.

하지만 이제는 두샨베와 호잔, 호잔과 두샨베의 판 마운틴을 오갈 때 2012년 4~5월 이전까지만 해도 12시간 이상씩 걸리던 것이, 2013년 8월에는 두 개의 긴 터널이 완공되어 5시간 이내에 갈 수 있다.
판 마운틴을 넘어 두샨베에 들어올 때 세차하는 모습은 이제 사라지고 없으며, 강가나 냇가에서 긴 호수를 연결해 세차하던 풍경도 추억 속으로 묻혀 버렸다.

완전히 새로워진 타지키스탄의 수도 두샨베. 두샨베는 월요일이라는 의미다. 넓은 직선거리에 단풍나무와 포플러나무가 어우러진 공원 도시 두샨베에서는 루다키 거리를 산책하며 조용한 시간을 보낼 수 있다.

두샨베에 올 때마다 루다키 거리의 벤치에 앉아 책을 읽는 즐거움이 제일 크다. 몇 년 전에는 가로수가 지금보다 훨씬 무성했는데 시민들이 알레르기를 일으켜 가로수를 잘라내어 하늘이 훤하지만, 그래도 루다키 거리는 여전히 중앙아시아의 수도 중 최고다.

연정구 대사대리를 찾았다. 언제나 반갑게 맞이해 준다. 특히 EBS 세계테마기행을 촬영하는 중에 우리 지프차가 고장나서 더 이상 움직이지 못할 때 선뜻 두샨베에서 지프차를 내주어 무사히 촬영을 마무리 지을 수 있었다.

또한 원래 촬영 계획이 16박17일이었는데 눈이 너무 많이 내려 자그마치 28박29일로 늘어나 만신창이가 되어 버린 우리 팀들에게 푸짐하게 저녁도 사 주었다. 연정구 대사대리의 따스한 마음에 감사할 따름이다.

ИСТИКЛОЛИЯТ
XX
ИФТИХОРИ МОСТ!

БОЗОРИ
ШОХМАНСУР
ХУШ ОМАДЕД ДОБРО ПОЖАЛОВАТЬ WELCOME

13

두샨베에서 판 마운틴을 넘어 고대 도시 호잔*Khojand* 으로

두샨베에서 호잔까지 지프차로 4~5시간
호잔에서 이스트라브샨까지 택시로 2시간

두샨베에서 호잔까지 12시간 이상 걸릴 줄 알았는데 터널이 두 개 생겨 한결 수월해졌다. 5년 전 이란에서 공사를 마무리한 5,200m짜리 1차 터널과 1년 전 중국에서 공사를 끝낸 5,000m짜리 2차 터널이 뚫려 이제 두샨베에서 호잔까지 가는 길이 단순해졌다.

3,378m의 애니 산맥과 3,372m의 안촙 산맥을 넘던 옛 판 마운틴 길은 추억 속으로 사라지고 말았다.

중국이 공사한 터널은 그런대로 깨끗하지만 이란이 마무리한 터널은 불빛도 거의 없이 희미하고 바닥도 울퉁불퉁해 지프차 밑바닥이 땅에 부딪치곤 한다. 터널이라기보다는 동굴에 가까웠지만 어찌되었건 시간은 단축되었다.
2012년 4~5월 이전까지만 해도 12시간 이상 걸리던 것이 2013년 8월에는 두샨베를 출발해 4시간 30분 만에 호잔에 도착했다. 판 마운틴이 이렇게 빠르게 변하다니, 이제는 모든 것이 과거가 되어 버렸다.

타지키스탄 땅에서 가장 오래된 북부 도시 호잔은 3천 년 정도의 긴 세월을 지나온 도시답게 회색빛 레니나바트 호텔과 시르다르야 강이 반긴다. 페르가나 분지 서남부의 시르다르야 강변에 위치한 호잔

파미르 하이웨이
지옥의 길 천국의 길

은 타지키스탄의 두 번째 도시지만 수도인 두샨베보다는 오히려 우즈베키스탄의 수도 타슈켄트에서 남동쪽으로 120km 지점에 자리 잡고 있어 타슈켄트에서 코칸트에 이르는 철도지선의 종점이기도 하다.
호잔은 BC 329년경 알렉산더 대왕이 점령한 후 성채를 구축하여 세운 중앙아시아의 옛 도읍으로 처음에는 알렉산더 에스카테라 했다. 711년에는 아랍인이, 1220년에는 칭기즈칸의 대군이 도시를 파괴하였고, 19세기 초에는 코칸트한국에 점령되었다. 그리고 1866년 러시아에 복속되어 1936년까지 호잔으로 불리다가 레니나바트로 개칭하였으나, 1991년 이후 다시 호잔으로 환원되었다.

알렉산더 제국의 유적이 있는 고대 도시 이스트라브샨은 지금은 거의 흔적이 남아 있지 않다. 대신 꼬마 아이들에게는 외국인 여행자가 신기한지 환하게 웃는 모습이 천진난만했다.

금요 기도를 하는 하즈라티 샤 모스크와 이븐 압바스의 영묘를 둘러보고 레닌거리를 지나 12세기에 호잔 지역을 통치했던 테무르 말리크의 동상이 세워진 무르 테마 언덕의 성곽에 올랐다.
이스트라브샨의 성곽 위까지 올라가니 평화로운 작은 도시가 한눈에 들어왔다. 여기까지 오는 동안 만난 가장 온유하고 유순한 도시 풍경이다.

Lee

인생이 정해진 항로로만 흘러간다면
얼마나 심심할까?
그건 여행에서도 마찬가지다.
호잔 수그드 역사박물관 앞에서
윤여신, 윤순영, 이숙희 선생님
그리고 나

타지키스탄 호잔에서 오이벡*Oybek* 국경선을 넘어

호잔에서 오이벡 국경선까지 택시로 1시간 30분
오이벡 국경선에서 타슈켄트까지 택시로 2~3시간

레니나바트 호텔에서 오이벡 국경선까지는 약 50분 거리인데 택시비가 제각각이어서 흥정하기 나름이다. 오이벡 국경선을 넘는 시간까지 합하면 2시간 30분, 오이벡 국경선에서 타슈켄트까지는 약 2시간으로 호잔에서 타슈켄트까지는 넉넉잡아 5시간이면 충분하다.

인천공항으로 떠나는 비행기가 타슈켄트 공항에서 보통 23시 전후에 출발하기 때문에 호잔에서 여유 있게 점심을 먹고 출발해도 느긋하다.
오이벡 국경선을 넘어가면 타슈켄트뿐만 아니라 코칸트와 그밖의 도시로 가려는 택시들이 손님을 기다리고 있다. 택시 요금은 1인당 10달러로 4명 40달러가 평균 가격인데, 오늘은 운이 좋아 20달러에 흥정했다. 여러 번 말하지만 택시나 지프차 요금은 정해진 기준이 없다.

15

눈이 시리도록 푸른 사마르칸트 *Samarkand*

타슈켄트에서 사마르칸트까지 택시로 3~4시간

아무다르야 강과 시르다르야 강이 가로지르는 사마르칸트는 도시 자체가 거대한 문화유산이다. 일찍이 실크로드의 주요 교역지로 크게 번성한 문화유산과 함께 경제 성장을 이룬 매력적인 곳이다. 하지만 동서양을 잇는 지정학적 위치로 교역과 학문의 중심지로 지속적인 발전을 해 왔으나 오랜 세월 여러 국가들로부터 침략을 받았다.

눈이 시리도록 푸른 건축물들로 가득한 사마르칸트는 예부터 동방의 낙원, 중앙아시아의 로마, 황금의 도시라고 불렸다. 751년 중앙아시아 최초로 종이를 만들었던 제지 공장과 1420년에 설립한 이슬람 최대 규모의 대학, 1429년에 세워진 세계 최초의 천문 관측소와 천문 관측기구, 백과사전, 의학서적 등 사마르칸트의 문화유산은 황금기로 불리던 아무르 티무르 제국의 유물이다.

사마르칸트의 중심으로 '모래의 땅' 이란 의미를 갖고 있는 레기스탄 광장. 사마르칸트를 대표하는 유적지인 3개의 건물은 모두 이슬람 교리를 가르치는 '메드라사' 학교다.
울루그베그 메드라사는 아무르 티무르의 조카 울루그베그 왕이 1420년에 지은 것으로 천문학에 관심이 많던 그의 이름에서 유래되었다. 처음 시작한 학문은 이슬람 신학이었지만 곧 천문학, 철학, 수학, 과학 등 여러 분야를 가르쳤다. 직사각형 건물로 규칙적인 아치 모양의 입구가 있는 수많은 방과 아담한 정원을 갖고 있다. 정면에는 천문학자이자 왕인 울루그베그를 상징하는 별 문양이 장식되어 있다.

'사자가 그려졌다' 는 뜻의 시르도르 메드라사는 야한그도슈 바하도르 왕이 1636년에 지은 건물로 우즈베키스탄의 200숨짜리 지폐의 모델이다. 건물 전체가 푸른 타일로 장식되어 있고, 건물의 중요 부분은 조각과 멋진 천장화로 장식되어 있어 매우 인상적이다.

'금박으로 된' 이란 뜻의 티라카리 메드라사도 야한그도슈 바하도르 왕이 세웠으며, 레기스탄 광장의 세 건축물 중 최고로 꼽힌다. 겉모습보다 실내가 돋보이는 곳으로 아름답다는 표현보다 호화롭다는 표현이 더 적합하다. 황금으로 된 돔 천장과 기도실 미흐라브는 사마르칸트의 풍부하고 화려한 문화를 잘 보여 주고 있다.

구 시가지에서 사마르칸트의 옛 도시 아프로시롭으로 걷다 보면 중앙아시아에서 가장 큰 비비하임 모스크를 마주하게 된다. 아무르 티무르 왕이 8명의 왕비 중 가장 사랑한 비비하임을 위해 건축한 모스크로 1399년에 공사를 시작하여 1404년에 완성되었다.
아무르 티무르는 사랑하는 아내를 위해 이슬람 최고의 건축가를 200명이나 사마르칸트로 불러 공사를 시켰는데, 건축가뿐만 아니라 커다란 돌을 운반하고 돌을 아름답게 다듬기 위해 95마리의 코끼리와 500명의 석공이 동원되었다.

비비하임의 전설이 전해 오는데, 공사가 마무리될 무렵 왕비 비비하임을 흠모하던 건축가가 왕비에게 단 한 번만 입맞춤을 해달라고

파미르 하이웨이
지옥의 길 천국의 길

청했다. 아무르 티무르를 무척 사랑했던 왕비는 여러 번 거절했으나 건축가의 끈질긴 구애에 마음이 흔들려 단 한 번 입맞춤을 허락했다. 그런데 그로 인해 왕비의 얼굴에 그만 멍이 들고 말았다.

인도 원정을 마치고 돌아온 아무르 티무르 왕은 왕비의 얼굴을 보고 깜짝 놀라 이유를 물었고, 왕비는 건축가와 입맞춤한 사실을 털어놓았다. 아무르 티무르 왕은 곧장 건축가를 잡아 미나레트 꼭대기에서 떨어뜨려 죽였으며, 왕비도 사흘 동안 미나레트에 가둔 뒤 같은 방법으로 처형했다고 한다. 가장 사랑한 왕비를 위해 지은 모스크가 완성되었을 때 아무르 티무르 왕 곁에는 비비하임 왕비가 없었다.

'아프로시롭' 은 기원전 5세기경 사마르칸트의 옛 이름으로, 늘 풍부한 물이 흐르는 제라프샨 강은 아프로시롭을 소그디아나 왕국의 수도로 만들어 주었다. 발전을 거듭하던 사마르칸트는 BC 329년 동방으로 영토를 넓히던 마케도니아의 알렉산더 대왕에게 정복되어 이때부터 사마르칸트는 중국과 서양을 잇는 교역 중심지가 되었다.
교역으로 경제력을 갖게 된 사마르칸트에 불행이 시작된 것은 7세기 중엽으로, 주변의 아랍 민족들이 끊임없이 사마르칸트를 공격했기 때문이다.

712년, 마침내 아랍 민족인 우마이야 왕조가 사마르칸트를 점령하였고 뒤이어 여러 아랍 민족의 지배를 받았다. 아랍 민족의 지배 아래서도 상업 도시로 계속 발전해 나가던 사마르칸트는 1220년 칭기즈칸에 의해 재앙을 맞게 되었다.
동북아시아를 점령한 칭기즈칸이 사마르칸트를 비롯한 중앙아시아를 점령해 버렸다. 칭기즈칸의 군대는 1500년 동안 이어온 도시를 완전히 파괴해 버렸고, 칭기즈칸에 의해 사라진 도시는 그의 후손인 아무르 티무르에 의해 새롭게 태어났다.

14세기 후반 사마르칸트를 점령한 아무르 티무르는 수도를 이곳으로 정하고 찬란한 문화를 꽃피울 수 있는 기반을 마련했다. 아무르 티무르는 자신이 건설한 사마르칸트를 '동방의 진주'로 만들기 위해 건축물을 세우고 학자들과 상인들을 도시로 불러들였다. 수도를 부하라로 옮겨 가기 전까지 사마르칸트는 중앙아시아를 대표하는 경제와 문화 도시가 되었다.

'왕의 묘'라는 뜻을 가진 아무르 티무르 무슬림은 아무르 티무르의 손자인 무하마드 술탄이 1404년에 지었다. 원래는 학교였는데 명나라 원정길에 오른 티무르가 갑작스럽게 죽자 묘지로 바꾸었다. 이곳에는 아무르 티무르를 비롯해 울루그베그, 무하마드 술탄, 샤루흐, 미란샤 등 왕족들이 잠들어 있다. 현재 방문객들이 볼 수 있는 것은 비석뿐이고, 실제 묘지는 지하 3m에 있다.

16

시간이 멈춰 버린 부하라*Bukhara*

사마르칸트에서 부하라까지 택시로 5~6시간

숨을 잠깐 멈추고 타임머신을 타고 가다 보면 눈앞에 수백 수천 년 전의 빛바랜 도시 부하라가 나타난다. 2500년이 넘는 옛 도시 부하라는 실크로드 길목에 있는 중앙아시아 중세 도시의 전형으로 거의 완벽하게 보존되어 있다.
중앙아시아 최대의 이슬람 성지인 부하라는 BC 6세기에 이미 존재하고 있던 제라프샨 강 유역에 세워진 사원을 중심으로 도시가 형성되어 교역의 중심지로 성장하였고, 9~10세기에는 과학과 예술이 크게 발전하였다. 중국의 수 · 당시대에는 안국이라 불렸으며, 사마르칸트와 더불어 중앙아시아 동서 교통의 요충지로 번성했다.

산스크리트어로 '사원' 이라는 뜻을 지닌 부하라에는 9세기 말에 만들어진 사마니드 왕조의 왕 이스마일 소모니의 묘, 10세기 무슬림 건축의 걸작품, 12세기 초에 만들어진 50m 높이의 칼리아 탑, 15세기 초의 우르구, 베그 학원 등을 비롯해 17세기 이슬람 교육관인 메드라사와 모스크 등 대부분 16~17세기에 지어진 건축물이 아직도 140여 개가 남아 있다. 그래서 부하라는 1993년 유네스코 세계문화유산으로 지정되었다.

느릿느릿 걷다 보면 도심 한가운데 우뚝 솟은 칼론 미나레트와 칼론 모스크를 만나게 된다. 바로 중앙아시아 최대 규모를 자랑하는 이슬람 도시 부하라의 전설과 상징이다.

Cafe
Wishbone
Bukhara
BUKHARA SILK CARPET
FLYING CARPET
Work
shop

높이가 46m인 칼론 미나레트는 한때 처형대로 사용되기도 했다. 숱한 외침과 붕괴 속에서도 명맥을 유지할 수 있었던 건 종교적 의미 외에 이 탑의 꼭대기에 불을 지피면 사막의 등대 역할을 했던 또 다른 기능 덕택이다.

실크로드의 행상들은 불빛만을 보고도 오아시스인 부하라를 찾을 수 있었다. 칭기즈칸이 부하라를 침공해 수많은 이슬람 유적을 모조리 무너뜨렸을 때도 이 탑에는 손을 대지 않았다고 한다.

미나레트 오른쪽에 있는 칼론 모스크는 이슬람 최대의 성지로 한꺼번에 1만여 명이 기도를 드릴 수 있는 거대한 공간이다. 중앙아시아에서 두 번째로 큰 규모를 자랑한다.

부하라의 왕들이 거주했던 아르크 고성은 780여 미터나 이어지는 사암으로 된 흙벽이 인상적이다. 7세기에 처음으로 축성되었으나 몽골, 투르크족의 숱한 침략을 받으며 붕괴와 재건이 반복된 도시의 애환을 담고 있다.

행상들의 숙소였던 라비하우즈는 이제 부하라를 찾는 여행자들을 위한 공연장과 휴식처가 되었으며, 지붕이 둥근 옛 건물들에는 카펫, 가위 등을 파는 시장이 형성되어 있다.

파미르 하이웨이
지옥의 길 천국의 길

17

부끄럼 많은 새색시 같은 코칸트*Kokand*

부하라에서 나보이까지 택시로 2~3시간,
나보이에서 사마르칸트까지 택시로 3~4시간
사마르칸트에서 타슈켄트까지 택시로 3~4시간
타슈켄트에서 코칸트까지 택시로 3~4시간

외국인 신고와 검문이 철저한 코칸트로 가는 길에는 미모의 모녀와 셋이서 동행하게 되었다.
테콘 시장에 내리자마자 천안에서 6년 간 일한 적이 있는 '윤샷갓'이라는 한국 이름을 가진 친구가 달려왔다. 한국에서 궂은일을 하며 돈을 벌어 두 딸을 시집보내고, 슈퍼마켓도 차리고, 차도 집도 산 진짜 아버지다.

예전에 묵었던 코칸트 호텔 창밖으로 울창한 나무가 변함없이 나를 반긴다. 303호실은 창문을 열어 놓고 침대에 기대어 시원한 바람을 맞으며 코칸트의 야경을 바라보기에 전망 좋은 방이다.

코칸트는 사마르칸트, 부하라, 히바와는 또 다른 풍경으로 부끄러움 많은 새색시 같은 도시다. 1970~1980년대 한국의 맞선 보는 광경과 데이트 하는 모습을 연상케 하는 소박한 도시다.

페르가나 계곡 서쪽 맨 아래에 있는 코칸트는 10세기 이전에 고대 도시 하바켄트가 세워졌던 곳으로 인도와 중국을 잇는 무역상이 지나던 길이다.
지금의 코칸트는 1732년에 세운 요새에서 시작하여 1740년 코칸트 한국의 수도가 되었다가 1876년 러시아인들에게 정복되어 옛 소련으로 그리고 지금의 우즈베키스탄으로 이어졌다.

PAYNET

코칸트한국 때는 교역과 수공예 중심지로 300개 이상의 모스크가 있는 페르가나 계곡의 종교 중심지였다. 옛 소련 시절에는 공산당에 반대하는 이슬람 정부가 세워지기도 했지만, 1918년 무력으로 진압되었던 사건도 있다.

18

페르가나의 중심 페르가나 *Fergana*

코칸트에서 페르가나까지 택시로 2시간

코칸트를 떠나면서 윤삿갓한테 들르니 대한민국은 나의 은인이라며 커다란 물 한 병을 또 선물한다. 어제 올 때도 제일 먼저 물 한 병을 주더니 갈 때도 마찬가지다.

그런 그를 뒤로하고 버스터미널로 향하는데 누군가가 따라오며 유창한 한국말로 페르가나까지 자기 차를 타고 가자고 한다. 한국에서 4년 반 일하고 2013년 2월에 코칸트로 돌아와 가을에 딸을 결혼시키고, 다시 한국에 가서 일을 하고 싶다는 이 친구도 진정한 우리의 아빠다.

수도인 타슈켄트는 물론이고 우즈베키스탄의 웬만한 도시에서는 한국말을 하는 우즈베크인들을 심심찮게 볼 수 있다. 한국에서 노동자로 일했거나 대한민국에 관심을 갖고 한글을 배우는 청소년들이 점점 늘어나고 있다. 또한 여기서 빼놓을 수 없는 것이 우리 동포인 고려인들의 삶의 터가 우즈베키스탄의 중심지이기 때문이다.

페르가나로 가는 길목에 포도넝쿨이 주렁주렁 널려 있다. 오래전에 이곳을 여행할 때도 그랬는데, 페르가나로 가는 언덕은 부하라처럼 시간이 정지되어 있다. 기억이 가물가물할 만큼 오래전이나 지금이나 포도넝쿨은 변함이 없다. 간이식당에 걸터앉으니 누군가 먹음직스런 포도를 한 아름 안고 온다.

페르가나 계곡은 대부분 우즈베키스탄 동부에 있으나 일부는 타지키스탄 북부와 키르기스스탄 서남쪽에 기다란 삼각형 모양을 이루고 있다. 동 · 남 · 북 세 방향이 산맥으로 둘러싸인 분지로 그 중앙에 시르다르야 강이 흐른다.

페르가나 계곡은 수백만 년 전에 형성된 것으로 북서쪽으로 차트칼 산맥과 쿠라마 산맥, 북동쪽은 페르가나 산맥, 남쪽에는 알라이 산맥과 투르키스탄 산맥 등 해발 5,000m가 넘는 산맥이 병풍처럼 둘러서 있다.

페르가나 계곡은 중앙아시아에서 가장 인구가 밀집된 곳으로 여러 세기 동안 정착 농업이 행해졌으며, 이란계 주민에 의한 농경문화가 발달하여 동서교통의 요지였다.

페르가나에 도착해서는 여간 마음이 씁쓸한 것이 아니었다. 수목원처럼 울창하던 나무들이 보이지 않아 물어보니, 100년 된 거목들을 모조리 잘라 중국의 가구업체에 수출했단다. 그리고 그 자리에 새로운 건물들을 짓느라 한창이었다. 고풍스런 페르가나는 온데간데없고 도시 전체에 먼지만 자욱하고 성한 것이 하나도 없었다.

2011년 같은 옛 소련연방공화국이었던 카프카스의 그루지야에 갔을 때도 그랬다. 눈부신 흑해를 안고 있는 바투미를 찾았는데 그 고요하고 잔잔한 바투미는 사라지고 도시 전체가 공사중이었다. 3년이 지난 지금 바투미는 어떻게 변했을까 궁금해진다.
페르가나의 변화된 모습을 기대하며 안디잔으로 발길을 돌렸다.

여행하지 않는 사람에게,
세상은 한 페이지만 읽은 책과 같다.
그런 의미에서 파미르는 나에게
세상이라는 책의
수많은 페이지를 보여 주었다.

19

안디잔*Andijan*의 대학살

페르가나에서 안디잔까지 택시로 2시간
안디잔에서 타슈켄트까지 택시로 5~6시간

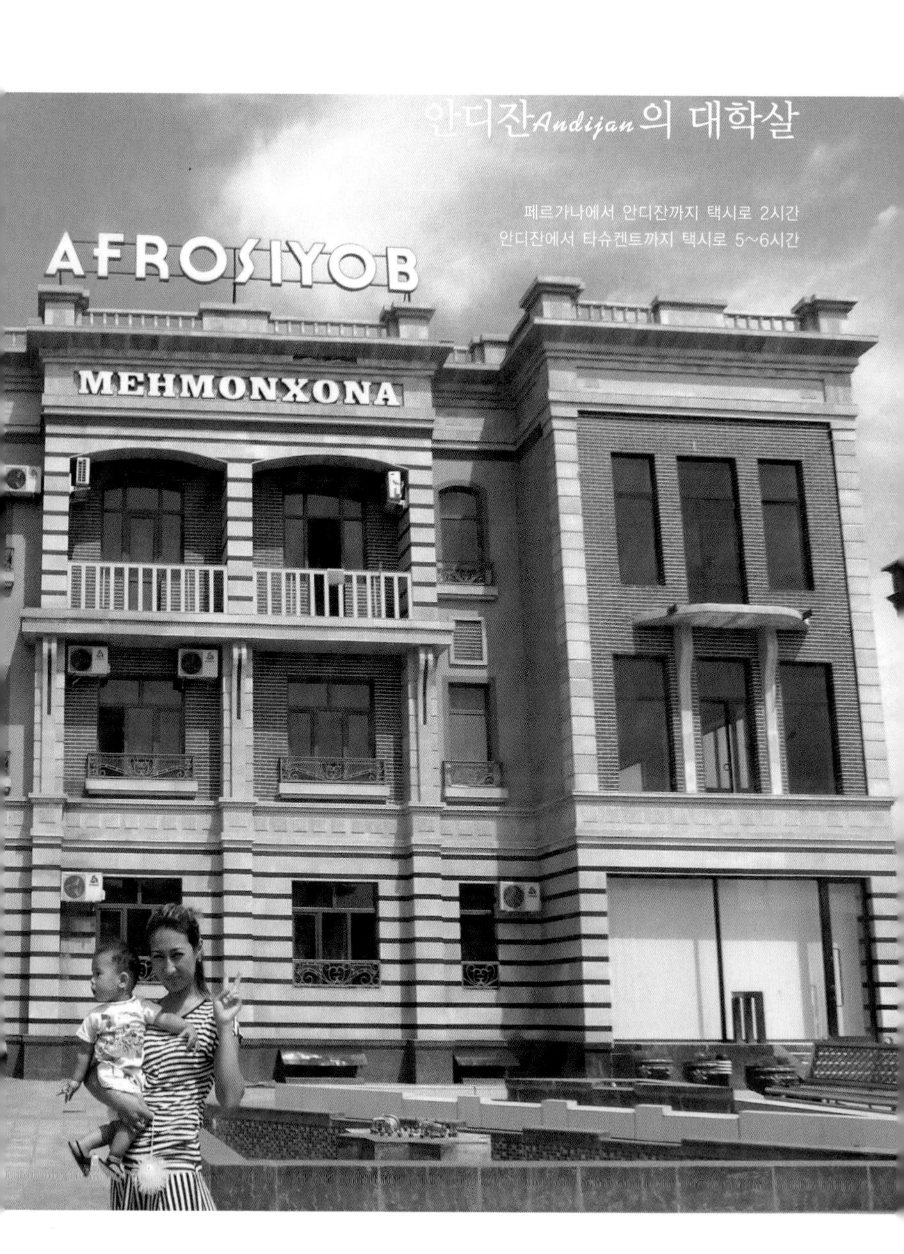

2005년 5월 13일, 이날 우즈베키스탄의 동부 지역 안디잔에서 대참사가 일어났다. 무장세력들이 안디잔 시 형무소를 습격해 죄수들을 석방시키고 공공건물을 습격했으며 독재정치를 하고 있는 이슬람 카리모프 대통령의 퇴진을 요구했다.
그러자 정부는 무장세력들에게 발포를 했고, 이 과정에서 수많은 사람들이 희생되었다. 몇 명이 죽었는지는 정확히 알 수 없다.
우즈베키스탄 정부에서는 자세한 내용을 발표하지 않고 단지 불순분자에 의한 테러가 발생해 진압하는 과정에서 수십 명이 사망했다는 소식만 전했다.

그후 정확히 3개월 뒤인 2005년 8월 13일. 나는 키르기스스탄 오시에서 죽음의 대학살이 발생한 피의 현장 안디잔으로 도슬릭 국경선을 넘어갔다. 수천 명이 죽임을 당한 안디잔으로 국경선을 넘어갈 때 출입국사무소에 수백 명의 수배자 얼굴과 인적 사항이 빼곡히 적혀 있었다. 수배자 명단이 안디잔의 참상을 짐작하게 했다.

지진이 잦은 안디잔에 1902년 대지진이 발생하여 4,000명 이상이 죽고 도시가 파괴되었는데, 또다시 대학살로 죽음의

도시가 되었지만 언제 그랬냐는 듯이 2013년 8월 안디잔의 여름밤은 밝기만 했다.

이 책을 쓰는 동안 우즈베키스탄어를 번역해 준 미르자아흐메도프 세르조드벡은 바로 죽음의 대학살 때 만나 친동생과 다름없이 지내고 있는데, 지금 대한민국에서 나와 함께 호흡하고 있다.

20

타슈켄트에서
아현동 순댓국집으로

타슈켄트 공항에서 23시 50분에 이륙하여 다음날 08시 30분에 인천공항 착륙
서울이 타슈켄트보다 4시간 빠름

타슈켄트 기차역 안의 간이숙소인 꼼나띄 옷띄하에서 공항으로 출발하는데 건너편에 쓰여 있는 글귀가 내 시선을 잡았다. "진실은 힘이 세다. 우리 타슈켄트를 적으로부터 보호할 것이다."

긴 시간 파미르 하이웨이의 중앙아시아를 여행하면서 겨우 세상을 바라보는 눈이 뜨인 것 같다. 이제 여행을 마치고 아름다운 세상 이야기를 배낭에 담아 아내가 기다리고 있는 서울 아현동 순댓국집으로 간다. 그동안 이곳에서 보낸 시간들이 헛되지 않았기에 모든 분들께 감사한다.

2013년 7~8월 무덥고 찌는 듯한 여름, 처음부터 끝까지 거칠고 힘든 타지키스탄 파미르 하이웨이와 판 마운틴을 함께 걸어온 분들에게도 이번 여행이 아름답고 소중한 추억으로 기억되길 소망해 본다.

지옥의 길 천국의 길 파미르 하이웨이!

지옥같이 험난한 길을 달려

천국 같은 풍경과 낯선 이방인의 등장에도 호의로 대하고

경계하지 않고, 인사를 나누며 자리를 내어주며

귀한 먹을거리까지 내어주는 사람들을 만났다.

파미르 하이웨이

지옥의 길 천국의 길

펴낸날 초판 1쇄 2014년 7월 1일

지은이 이한신
펴낸이 서용순
펴낸곳 이지출판

출판등록 1997년 9월 10일 제300-2005-156호
주 소 110-350 서울시 종로구 율곡로6길 36 월드오피스텔 903호
대표전화 02-743-7661 팩스 02-743-7621
이메일 easy7661@naver.com
디자인 Design Pym
마케팅 서정순
인 쇄 (주)꽃피는청춘

값 15,000원

ISBN 979-11-5555-020-5 03980

이 도서의 국립중앙도서관 출판예정도서목록(CIP)은 서지정보유통지원시스템 홈페이지(http://seoji.nl.go.kr)와 국가자료공동목록시스템(http://www.nl.go.kr/kolisnet)에서 이용하실 수 있습니다.(CIP제어번호: CIP2014018605)